中国河流泥沙公报

2019

中华人民共和国水利部　编著

中国水利水电出版社
www.waterpub.com.cn

·北京·

图书在版编目（CIP）数据

中国河流泥沙公报. 2019 / 中华人民共和国水利部
编著. -- 北京：中国水利水电出版社，2020.7
　　ISBN 978-7-5170-8669-7

　　Ⅰ. ①中… Ⅱ. ①中… Ⅲ. ①河流泥沙－研究－中国
－2019 Ⅳ. ①TV152

中国版本图书馆CIP数据核字(2020)第115995号

审图号：GS（2020）2686号

责任编辑：王志媛

书　　　名	中国河流泥沙公报 2019 ZHONGGUO HELIU NISHA GONGBAO 2019
作　　　者	中华人民共和国水利部 编著
出 版 发 行	中国水利水电出版社 （北京市海淀区玉渊潭南路 1 号 D 座　100038） 网址：www.waterpub.com.cn E-mail：sales@waterpub.com.cn 电话：(010) 68367658（营销中心）
经　　　售	北京科水图书销售中心（零售） 电话：(010) 88383994、63202643、68545874 全国各地新华书店和相关出版物销售网点
排　　版	中国水利水电出版社装帧出版部
印　　刷	清淞永业（天津）印刷有限公司
规　　格	210mm×285mm　16 开本　5.5 印张　166 千字
版　　次	2020 年 7 月第 1 版　2020 年 7 月第 1 次印刷
印　　数	0001—1800 册
定　　价	48.00 元

凡购买我社图书，如有缺页、倒页、脱页的，本社营销中心负责调换

1.《中国河流泥沙公报》（以下简称《泥沙公报》）中各流域水沙状况系根据河流选择的水文控制站实测径流量和实测输沙量与多年平均值的比较进行描述。

2. 河流中运动的泥沙一般分为悬移质（悬浮于水中向前运动）与推移质（沿河底向前推移）两种。《泥沙公报》中的输沙量一般是指悬移质部分，不包括推移质。

3.《泥沙公报》中描写河流泥沙的主要物理量及其定义如下：

流　　量——单位时间内通过某一过水断面的水量（立方米／秒）；

径 流 量——一定时段内通过河流某一断面的水量（立方米）；

输 沙 量——一定时段内通过河流某一断面的泥沙质量（吨）；

输沙模数——时段总输沙量与相应集水面积的比值[吨／（年·平方公里）]；

含 沙 量——单位体积浑水中所含干沙的质量（千克／立方米）；

中数粒径——泥沙颗粒组成中的代表性粒径（毫米），小于等于该粒径的泥沙占总质量的 50%。

4. 河流泥沙测验按相关技术规范进行。一般采用断面取样法配合流量测验求算断面单位时间内悬移质的输沙量，并根据水、沙过程推算日、月、年等的输沙量。同时进行泥沙颗粒级配分析，求得泥沙粒径特征值。河床与水库的冲淤变化一般采用断面法测量与推算。

5. 本期《泥沙公报》中除专门说明者外，均采用 1985 国家高程基准。

6. 本期《泥沙公报》的多年平均值除另有说明外，一般是指 1950—2015 年实测值的平均数值，如实测起始年份晚于 1950 年，则取实测起始年份至 2015 年的平均值；近 10 年平均值是指 2010—2019 年实测值的平均数值；基本持平是指本年度径流量和输沙量的变化幅度不超过 5%。

7. 本期《泥沙公报》发布的泥沙信息不包含香港特别行政区、澳门特别行政区和台湾省的河流泥沙信息。

8. 本期《泥沙公报》参加编写单位为长江水利委员会、黄河水利委员会、淮河水利委员会、海河水利委员会、珠江水利委员会、松辽水利委员会、太湖流域管理局的水文局，北京、天津、河北、内蒙古、山东、黑龙江、辽宁、吉林、新疆、甘肃、陕西、河南、湖北、安徽、湖南、浙江、江西、福建、云南、广西、广东、青海等省（自治区、直辖市）水文（水资源）（勘测）局（中心、总站）。

《泥沙公报》编写组由水利部水文司、水利部水文水资源监测预报中心、国际泥沙研究培训中心与各流域机构水文局有关人员组成。

编写说明

综　述

2019 年 9 月 18 日，习近平总书记在郑州主持召开黄河流域生态保护和高质量发展座谈会并发表重要讲话，对黄河泥沙治理问题做出重要指示，指出"黄河水少沙多、水沙关系不协调，是黄河复杂难治的症结所在。尽管黄河多年没出大的问题，但黄河水害隐患还像一把利剑悬在头上，丝毫不能放松警惕。要保障黄河长久安澜，必须紧紧抓住水沙关系调节这个'牛鼻子'。要完善水沙调控机制，解决九龙治水、分头管理问题，实施河道和滩区综合提升治理工程，减缓黄河下游淤积，确保黄河沿岸安全。"

全国水文系统认真贯彻落实习近平总书记重要指示精神，优化泥沙监测站点，加强泥沙动态监测，提升泥沙测验现代化水平，科学分析泥沙变化情况，为水资源管理、防洪减灾、水工程建设和运行调度、生态文明建设等提供了重要支撑。

本期《泥沙公报》的编报范围包括长江、黄河、淮河、海河、珠江、松花江、辽河、钱塘江、闽江、塔里木河和黑河等 11 条河流及青海湖区。内容包括河流主要水文控制站的年径流量、年输沙量及其年内分布，重点河段冲淤变化，重要水库冲淤变化和重要泥沙事件。

本期《泥沙公报》所编报的主要河流代表水文站（以下简称代表站）2019 年总径流量为 15230 亿立方米（表 1），较多年平均年径流量 13970 亿立方米偏大 9%，较近 10 年平均年径流量 14070 亿立方米偏大 8%，较 2018 年径流量增大 21%；代表站年总输沙量为 3.45 亿吨，较多年平均年输沙量 15.1 亿吨偏小 77%，与近 10 年平均年输沙量 3.57 亿吨基本持平，较 2018 年输沙量减小 30%。其中，2019 年长江和珠江代表站的径流量分别占代表站年总径流量的 61% 和 21%；长江和黄河代表站的年输沙量分别占代表站年总输沙量的 30% 和 49%；2019 年黄河和塔里木河代表站平均含沙量较大，分别为 4.04 千克 / 立方米和 1.11 千克 / 立方米，其他河流代表站平均含沙量均小于 0.744 千克 / 立方米。

长江流域干流主要水文控制站 2019 年实测水沙特征值与多年平均值比较，直门达站年径流量偏大 42%，其他站基本持平；直门达站和石鼓站年输沙量分别偏大 18% 和 49%，其他站偏小 71%～100%。与近 10 年

表 1　2019 年主要河流代表水文站与实测水沙特征值

河　流	代表水文站	控制流域面积（万平方公里）	年径流量（亿立方米）			年输沙量（万吨）		
			多年平均	近 10 年平均	2019 年	多年平均	近 10 年平均	2019 年
长　江	大　通	170.54	8931	9004	9334	36800	12100	10500
黄　河	潼　关	68.22	335.5	282.3	415.6	97800	17200	16800
淮　河	蚌埠＋临沂	13.16	280.9	218.6	90.06	1040	305	181
海　河	石匣里＋响水堡＋张家坟＋下会＋观台＋元村集	8.40	38.17	13.90	7.168	2540	58.1	1.78
珠　江	高要＋石角＋博罗	41.52	2821	2850	3205	6720	2310	3110
松花江	佳木斯	52.83	634.0	661.7	985.6	1250	1190	1820
辽　河	铁岭＋新民	12.64	31.29	26.12	26.82	1420	173	200
钱塘江	兰溪＋诸暨＋上虞东山	2.43	220.5	253.1	300.4	289	389	340
闽　江	竹岐＋永泰（清水壑）	5.85	573.4	635.3	747.1	599	312	538
塔里木河	阿拉尔＋焉耆	15.04	71.91	80.34	78.18	2150	1510	867
黑　河	莺落峡	1.00	16.32	20.42	20.64	199	102	36.8
青海湖	布哈河口＋刚察	1.57	11.15	19.46	21.35	44.8	78	60.2
合　计		393.20	13970	14070	15230	151000	35700	34500

平均值比较，2019 年直门达、朱沱和寸滩各站径流量偏大 6%～15%，其他站基本持平；石鼓站年输沙量偏大 22%，直门达站基本持平，其他站偏小 13%～98%。与 2018 年比较，2019 年汉口站和大通站径流量分别增大 7% 和 16%，其他站减小 6%～18%；大通站年输沙量增大 26%，其他站减小 28%～76%。2008 年 9 月至 2019 年 12 月，重庆主城区河段累积冲刷量为 2267.6 万立方米；2002 年 10 月至 2019 年 10 月，荆江河段平滩河槽累积冲刷量为 11.92 亿立方米。2019 年三峡水库库区泥沙淤积量为 5910 万吨，水库排沙比为 14%；丹江口水库库区泥沙淤积量为 501 万吨，水库排沙比仍然接近 0；2018 年 5 月至 2019 年 5 月，向家坝水库冲刷量为 459 万立方米。

黄河流域干流主要水文控制站 2019 年实测水沙特征值与多年平均值比较，各站年径流量偏大 7%～64%；唐乃亥站和头道拐站年输沙量分别偏大 45% 和 44%，其他站偏小 56%～83%。与近 10 年平均值比较，2019 年各站径流量偏大 44%～69%；兰州站年输沙量偏小 11%，龙门站和潼关站基本持平，其他站偏大 54%～182%。与 2018 年比较，2019 年利津站径流量减小 6%，潼关、花园口、高村和艾山各站基本持平，其他站增大 6%～11%；头道拐站年输沙量增大 45%，花园口、高村和艾山各站基本持平，其他站减小 9%～78%。2019 年度内蒙古河段石嘴山站和头道拐站断面表现为淤积，其他典型断面表现为冲刷；黄河下游河道高村断面以上河段淤积量为 1.08 亿立方米，高村断面以下河段冲刷量为 0.319 亿立方米，下游河道引水量和引沙量分别为 132.2 亿立方米和 3840 万吨。2019 年三门峡水库冲刷量为 0.706 亿立方米；小浪底水库冲刷量为 1.962 亿立方米。

淮河流域主要水文控制站 2019 年实测水沙特征值与多年平均值比较，各站年径流量偏小 11%～83%；各站年输沙量偏小 27%～100%。与近 10 年平均值比较，2019 年沂河临沂站径流量偏大 51%，其他站偏小 62%～70%；临沂站年输沙量偏大 362%，其他站偏小 86%～99%。与 2018 年比较，2019 年临沂站径流量增大 47%，其他站减小 74%～81%；临沂站年输沙量增大 1071%，其他站减小 90%～96%。

海河流域 2019 年漳河观台站径流量和输沙量为 0，其他主要水文控制站实测水沙特征值与多年平均值比较，各站年径流量和年输沙量分别偏小 35%～93% 和近 100%。与近 10 年平均值比较，2019 年桑干河石匣里站和永定河雁翅站径流量分别偏大 175% 和 170%，其他站偏小 17%～64%；洋河响水堡站近 10 年输沙量均近似为 0，其他站偏小 37%～100%。与 2018 年比较，2019 年石匣里、响水堡、雁翅和海河海河闸各站径流量增大 10%～142%，其他站减小 53%～66%；响水堡站和海河闸站 2018 年和 2019 年实测输沙量均近似为 0，其他站减小 39%～100%。

珠江流域主要水文控制站 2019 年实测水沙特征值与多年平均值比较，南盘江小龙潭站年径流量偏小 47%，红水河迁江站基本持平，其他站偏大 8%～29%；柳江柳州站年输沙量偏大 80%，其他站偏小 9%～95%。与近 10 年平均值比较，2019 年小龙潭站径流量偏小 21%，其他站偏大 6%～24%；小龙潭站年输沙量偏小 37%，郁江南宁站和北江石角站基本持平，其他站偏大 9%～65%。与 2018 年比较，2019 年小龙潭站径流量减小 42%，迁江站和南宁站基本持平，其他站增大 14%～99%；小龙潭站和南宁站年输沙量分别减小 34% 和 23%，其他站增大 97%～312%。

松花江流域主要水文控制站 2019 年实测水沙特征值与多年平均值比

较，第二松花江扶余站年径流量偏小 9%，其他站偏大 16%～55%；扶余站和干流哈尔滨站年输沙量分别偏小 76% 和 18%，其他站偏大 46%～176%。与近 10 年平均值比较，2019 年扶余站径流量偏小 18%，其他站偏大 19%～49%；扶余站年输沙量偏小 62%，其他站偏大 14%～52%。与 2018 年比较，2019 年扶余站径流量基本持平，其他站增大 23%～38%；扶余站年输沙量减小 20%，其他站增大 55%～178%。

辽河流域主要水文控制站 2019 年实测水沙特征值与多年平均值比较，干流六间房站年径流量偏大 7%，其他站偏小 12%～93%；各站年输沙量偏小 52%～100%。与近 10 年平均值比较，2019 年老哈河兴隆坡站径流量偏小 41%，柳河新民站偏大 22%，其他站基本持平；干流铁岭站年输沙量偏大 28%，六间房站基本持平，其他站偏小 14%～97%。与 2018 年比较，2019 年兴隆坡站和西拉木伦河巴林桥站径流量分别减小 31% 和 13%，其他站增大 105%～232%；兴隆坡站和巴林桥站年输沙量分别减小 95% 和 54%，其他站增大 167%～565%。

钱塘江流域主要水文控制站 2019 年实测水沙特征值与多年平均值比较，各站年径流量偏大 15%～41%；衢江衢州站和兰江兰溪站年输沙量分别偏大 20% 和 29%，其他站偏小 15%～41%。与近 10 年平均值比较，2019 年各站径流量偏大 12%～29%；衢州站和曹娥江上虞东山站年输沙量分别偏大 49% 和 19%，其他站偏小 5%～16%。

闽江流域主要水文控制站 2019 年实测水沙特征值与多年平均值比较，大漳溪永泰（清水壑）站年径流量偏小 17%，其他站偏大 32%～43%；闽江竹岐站年输沙量基本持平，永泰（清水壑）站偏小 78%，其他站偏大 235%～256%。与近 10 年平均值比较，2019 年永泰（清水壑）站径流量偏小 9%，其他站偏大 19%～25%；永泰（清水壑）站年输沙量偏小 66%，其他站偏大 39%～209%。

塔里木河流域主要水文控制站 2019 年实测水沙特征值与多年平均值比较，开都河焉耆站年径流量偏大 50%，干流阿拉尔站偏小 15%，其他站基本持平；各站年输沙量偏小 7%～76%。与近 10 年平均值比较，2019 年焉耆站径流量偏大 40%，其他站偏小 13%～25%；焉耆站年输沙量偏大 6%，其他站偏小 15%～43%。

黑河干流莺落峡站和正义峡站 2019 年水沙特征值与多年平均值比较，

年径流量分别偏大 26% 和 34%；年输沙量分别偏小 82% 和 11%。与近 10 年平均值比较，2019 年莺落峡站径流量基本持平，正义峡站偏大 6%；莺落峡站年输沙量偏小 64%，正义峡站偏大 24%。

青海湖区布哈河布哈河口站和依克乌兰河刚察站 2019 年实测水沙特征值与多年平均值比较，年径流量分别偏大 111% 和 33%；年输沙量布哈河口站偏大 46%，刚察站偏小 21%。与近 10 年平均值比较，2019 年布哈河口站径流量偏大 13%，刚察站基本持平；两站年输沙量分别偏小 21% 和 35%。

2019 年重要泥沙事件包括：长江流域 2019 年在长江干流河道、洞庭湖和鄱阳湖内共完成行政许可采砂 61 项，实际完成采砂总量约 3524 万吨，疏浚砂利用总量约 4205 万吨；长江流域实施了国家水土保持重点工程，共完成水土流失治理面积 4542.5 平方公里；长江干流及主要支流河道共发生崩岸 71 处，崩岸长度 22423 米。黄河流域 2019 年小浪底水库汛期排沙效果显著，汛期排沙比为 195%；万家寨水库和龙口水库汛期开展联合冲沙调度。珠江流域 2019 年珠江片局部地区发生地质灾害；西江大藤峡水利枢纽工程成功实现大江截流。

目录

封面：黄河万家寨水库河段（龙虎　摄）

封底：第二松花江白山水电站

正文图片：参编单位提供

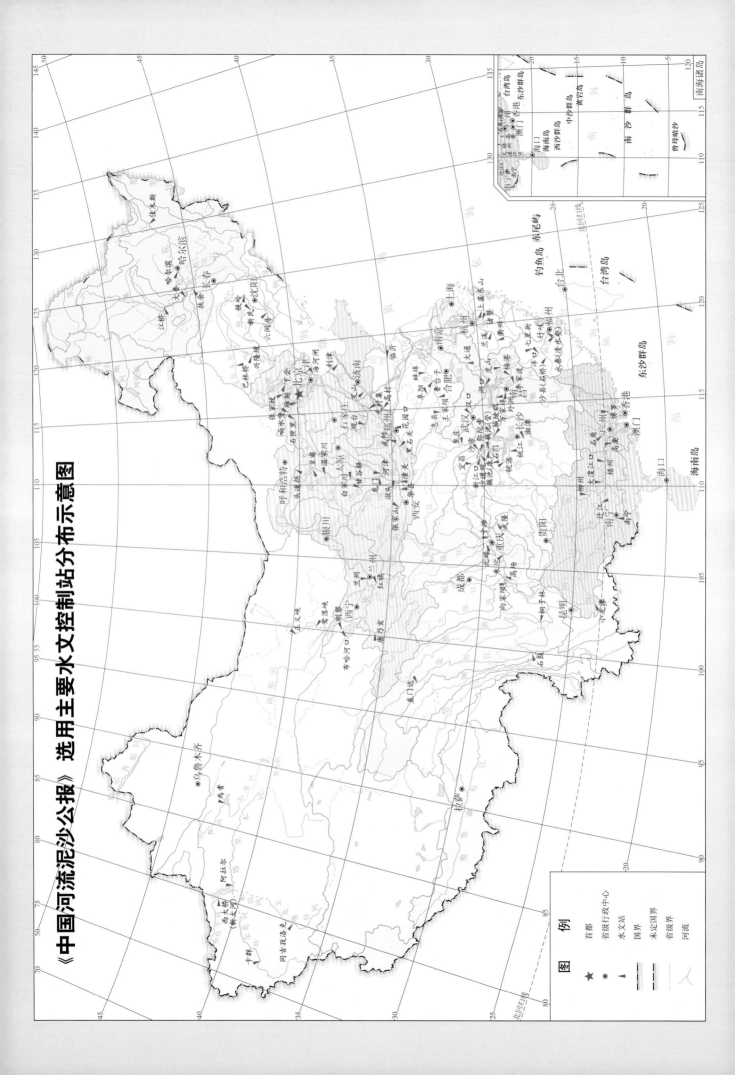

《中国河流泥沙公报》选用主要水文控制站分布示意图

长江支流大宁河滴翠峡（吴剑波 摄）

第一章 长江

一、概述

2019 年长江干流主要水文控制站实测水沙特征值与多年平均值比较，直门达站年径流量偏大 42%，其他站基本持平；直门达站和石鼓站年输沙量分别偏大 18% 和 49%，其他站偏小 71%～100%。与近 10 年平均值比较，2019 年直门达、朱沱和寸滩各站径流量偏大 6%～15%，其他站基本持平；石鼓站年输沙量偏大 22%，直门达站基本持平，其他站偏小 13%～98%。与上年度比较，2019 年汉口站和大通站径流量分别增大 7% 和 16%，其他站减小 6%～18%；大通站年输沙量增大 26%，其他站减小 28%～76%。

2019 年长江主要支流水文控制站实测水沙特征值与多年平均值比较，岷江高场站和嘉陵江北碚站年径流量分别偏大 12% 和 22%，乌江武隆站基本持平，雅砻江桐子林站和汉江皇庄站分别偏小 9% 和 49%；各站年输沙量偏小 18%～95%。与近 10 年平均值比较，2019 年高场站和北碚站径流量分别偏大 15% 和 20%，桐子林站和武隆站基本持平，皇庄站偏小 37%；高场站年输沙量偏大 77%，其他站偏小 27%～74%。与上年度比较，2019 年北碚站和武隆站径流量分别增大 15% 和 6%，其他站减小 6%～37%；高场站年输沙量增大 13%，皇庄站基本持平，其他站减小 24%～70%。

2019 年洞庭湖区和鄱阳湖区主要水文控制站实测水沙特征值与多年平均值比较，洞庭湖区湘江湘潭、资水桃江和沅江桃源各站年径流量偏大 16%～41%，湖口城陵矶站基本持平，其他站偏小 17%～91%；湘潭站年输沙量基本持平，其他站偏小 19%～100%。鄱阳湖区修水万家埠站年径流量基本持平，其他站偏大 14%～46%；抚河李家渡站和饶河虎山站年输沙量分别偏大 42% 和 201%，其他站偏小 17%～70%。与近 10 年平均值比较，2019 年湘潭、桃江、桃源和城陵矶各站径流量偏大 11%～35%，松滋河（西）新江口站和松滋河（东）沙道观站基本持平，其他站偏小 7%～34%；湘潭站和桃江站年输沙量分别偏大 87% 和 104%，其他站偏小 32%～89%。鄱阳湖区万家埠站年径流量偏小 15%，虎山站基本持平，其他站偏大 10%～31%；万家埠站和湖口水道湖口站年输沙量分别偏小 62% 和 47%，其他站偏大 24%～68%。与上年度比较，2019 年湘潭、桃江、桃源和城陵矶各站径流量增大 44%～118%，藕池河藕池（管）站基本持平，其他站减小 8%～24%；湘潭、桃江、桃源和城陵矶各站年输沙量增大 105%～20599%，其他站减小 60%～74%。鄱阳湖区各站年径流量增大 19%～227%；万家埠站年输沙量减小 15%，其他站增大 34%～511%。

2008 年 9 月至 2019 年 12 月，重庆主城区河段累积冲刷量为 2267.6 万立方米。2002 年 10 月至 2019 年 10 月，荆江河段河床持续冲刷，其平滩河槽冲刷量为 11.92 亿立方米。2019 年三峡水库库区淤积泥沙 5910 万吨，水库排沙比为 14%。2019 年丹江口水库库区淤积泥沙 501 万吨，水库排沙比仍然接近 0。2008 年 3 月至 2019 年 5 月，向家坝水库干、支流共淤积泥沙 4113 万立方米，其中 2018 年 5 月至 2019 年 5 月冲刷量为 459 万立方米。

2019 年主要泥沙事件包括：长江干流河道和洞庭湖区、鄱阳湖区采砂及疏浚砂综合利用，长江流域实施国家水土保持重点工程，长江干流及主要支流河道发生崩岸。

二、径流量与输沙量

（一）2019 年实测水沙特征值

1. 长江干流

2019 年长江干流主要水文控制站实测水沙特征值与多年平均值、近 10 年平均值及 2018 年值的比较见表 1-1 和图 1-1。

2019 年长江干流主要水文控制站实测径流量与多年平均值比较，直门达站偏大 42%，石鼓、向家坝、朱沱、寸滩、宜昌、沙市、汉口和大通各站基本持平；与近 10 年平均值比较，直门达、朱沱和寸滩各站分别偏大 15%、6% 和 7%，石鼓、向家坝、宜昌、沙市、汉口和大通各站基本持平；与上年度比较，直门达、石鼓、向家坝、朱沱、寸滩、宜昌和沙市各站分别减小 8%、15%、18%、13%、8%、6% 和 6%，汉口站和大通站分别增大 7% 和 16%。

2019 年长江干流主要水文控制站实测输沙量与多年平均值比较，直门达站和石鼓站分别偏大 18% 和 49%，向家坝、朱沱、寸滩、宜昌、沙市、汉口和大通各站分别偏小近 100%、83%、83%、98%、95%、83% 和 71%；与近 10 年平均值比较，直门达站基本持平，石鼓站偏大 22%，向家坝、朱沱、寸滩、宜昌、沙市、汉口和大通各站分别偏小 98%、37%、36%、52%、40%、30% 和 13%；与上年度比较，直门达、石鼓、向家坝、朱沱、寸滩、宜昌、沙市和汉口各站分别减小 44%、29%、59%、34%、52%、76%、62% 和 28%，大通站增大 26%。

表 1-1　长江干流主要水文控制站实测水沙特征值对比表

水文控制站		直门达	石 鼓	向家坝	朱 沱	寸 滩	宜 昌	沙 市	汉 口	大 通
控制流域面积（万平方公里）		13.77	21.42	45.88	69.47	86.66	100.55		148.80	170.54
年径流量（亿立方米）	多年平均	130.2 (1957－2015年)	424.2 (1952－2015年)	1420 (1956－2015年)	2648 (1954－2015年)	3434 (1950－2015年)	4304 (1950－2015年)	3903 (1955－2015年)	7040 (1954－2015年)	8931 (1950－2015年)
	近10年平均	160.2	425.8	1342	2602	3356	4279	3916	6954	9004
	2018年	200.0	514.9	1638	3161	3873	4738	4326	6695	8028
	2019年	184.3	435.9	1344	2748	3577	4466	4059	7132	9334
年输沙量（亿吨）	多年平均	0.096 (1957－2015年)	0.253 (1958－2015年)	2.23 (1956－2015年)	2.69 (1956－2015年)	3.74 (1953－2015年)	4.03 (1950－2015年)	3.51 (1956－2015年)	3.37 (1954－2015年)	3.68 (1951－2015年)
	近10年平均	0.118	0.311	0.353	0.717	0.992	0.182	0.315	0.817	1.21
	2018年	0.203	0.529	0.017	0.682	1.33	0.362	0.495	0.796	0.831
	2019年	0.113	0.378	0.007	0.449	0.639	0.088	0.188	0.573	1.05
年平均含沙量（千克/立方米）	多年平均	0.647 (1957－2015年)	0.602 (1958－2015年)	1.57 (1956－2015年)	1.02 (1956－2015年)	1.09 (1953－2015年)	0.936 (1950－2015年)	0.901 (1956－2015年)	0.478 (1954－2015年)	0.414 (1951－2015年)
	2018年	1.01	1.03	0.010	0.216	0.342	0.077	0.115	0.119	0.104
	2019年	0.613	0.870	0.005	0.163	0.180	0.020	0.046	0.081	0.113
年平均中数粒径（毫米）	多年平均		0.017 (1987－2015年)	0.014 (1987－2015年)	0.011 (1987－2015年)	0.010 (1987－2015年)	0.007 (1987－2015年)	0.018 (1987－2015年)	0.012 (1987－2015年)	0.010 (1987－2015年)
	2018年		0.011	0.008	0.011	0.011	0.009	0.015	0.016	0.013
	2019年		0.015	0.012	0.012	0.012	0.009	0.022	0.014	0.020
输沙模数[吨/(年·平方公里)]	多年平均	69.9 (1957－2015年)	118 (1958－2015年)	486 (1956－2015年)	387 (1956－2015年)	432 (1953－2015年)	401 (1950－2015年)		226 (1954－2015年)	216 (1951－2015年)
	2018年	147	247	3.62	98.2	153	36.0		53.5	48.7
	2019年	82.1	176	1.58	64.6	73.7	8.74		38.5	61.6

2. 长江主要支流

2019 年长江主要支流水文控制站实测水沙特征值与多年平均值、近 10 年平均值及 2018 年值的比较见表 1-2 和图 1-2。

2019 年长江主要支流水文控制站实测径流量与多年平均值比较，岷江高场站和嘉陵江北碚站分别偏大 12% 和 22%，乌江武隆站基本持平，雅砻江桐子林站和汉江皇庄站分别偏小 9% 和 49%；与近 10 年平均值比较，高场站和北碚站分别偏大 15% 和 20%，桐子林站和武隆站基本持平，皇庄站偏小 37%；与上年度比较，北碚站和武隆站分别增大 15% 和 6%，桐子林、高场和皇庄各站分别减小 17%、6% 和 37%。

2019 年长江主要支流水文控制站实测输沙量与多年平均值比较，桐子林、高场、北碚、武隆和皇庄各站分别偏小 81%、18%、78%、92% 和 95%；与近 10 年平均值比较，高场站偏大 77%，桐子林、北碚、武隆和皇庄各站分别偏小 74%、30%、27% 和 46%；与上年度比较，高场站增大 13%，桐子林、北碚和武隆各站分别减小 64%、70% 和 24%，皇庄站基本持平。

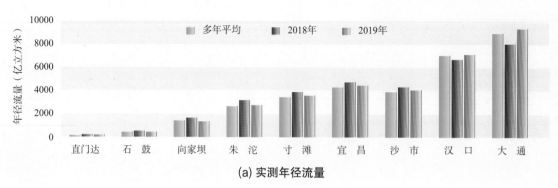

(a) 实测年径流量

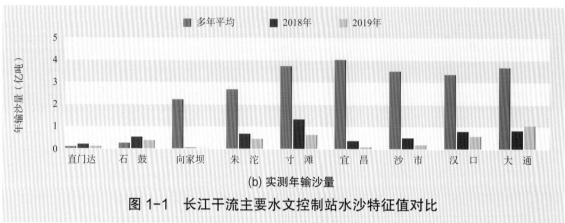

(b) 实测年输沙量

图 1-1　长江干流主要水文控制站水沙特征值对比

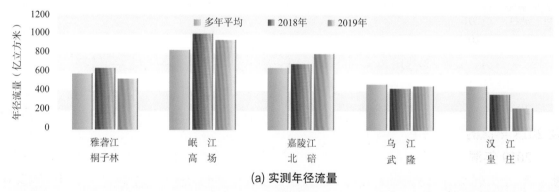

(a) 实测年径流量

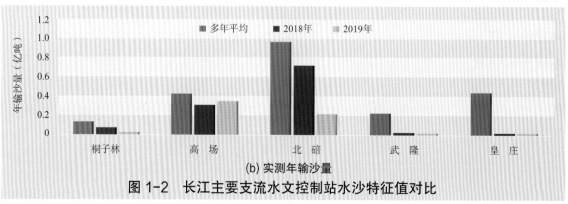

(b) 实测年输沙量

图 1-2　长江主要支流水文控制站水沙特征值对比

表 1-2　长江主要支流水文控制站实测水沙特征值对比表

河　流	雅砻江	岷　江	嘉陵江	乌　江	汉　江
水文控制站	桐子林	高　场	北　碚	武　隆	皇　庄
控制流域面积（万平方公里）	12.84	13.54	15.67	8.30	14.21
年径流量（亿立方米）　多年平均	590.3（1999—2015年）	841.8（1956—2015年）	655.2（1956—2015年）	482.9（1956—2015年）	467.1（1950—2015年）
近10年平均	565.3	826.5	667.7	448.7	381.4
2018年	648.3	1011	694.2	439.1	379.8
2019年	538.5	946.6	801.8	465.7	238.5
年输沙量（亿吨）　多年平均	0.134（1999—2015年）	0.428（1956—2015年）	0.967（1956—2015年）	0.225（1956—2015年）	0.442（1951—2015年）
近10年平均	0.101	0.197	0.309	0.026	0.037
2018年	0.073	0.310	0.722	0.025	0.020
2019年	0.026	0.349	0.217	0.019	0.020
年平均含沙量（千克/立方米）　多年平均	0.228（1999—2015年）	0.508（1956—2015年）	1.48（1956—2015年）	0.466（1956—2015年）	0.946（1951—2015年）
2018年	0.112	0.307	1.04	0.057	0.052
2019年	0.048	0.370	0.270	0.041	0.082
年平均中数粒径（毫米）　多年平均		0.017（1987—2015年）	0.008（2000—2015年）	0.007（1987—2015年）	0.050（1987—2015年）
2018年		0.014	0.012	0.011	0.025
2019年		0.012	0.010	0.014	0.027
输沙模数［吨/（年·平方公里）］　多年平均	104（1999—2015年）	316（1956—2015年）	617（1956—2015年）	271（1956—2015年）	311（1951—2015年）
2018年	56.5	229	461	30.0	13.9
2019年	19.9	258	138	23.0	13.8

3. 洞庭湖区

2019 年洞庭湖区主要水文控制站实测水沙特征值与多年平均值、近 10 年平均值及 2018 年值的比较见表 1-3 和图 1-3。

2019 年洞庭湖区主要水文控制站实测径流量与多年平均值比较，湘江湘潭、资水桃江和沅江桃源各站分别偏大 41%、31% 和 16%，澧水石门站偏小 22%；荆江河段松滋口、太平口和藕池口（以下简称荆江三口）区域内，新江口、沙道观、弥陀寺、藕池（康）和藕池（管）各站分别偏小 17%、44%、68%、91% 和 69%；洞庭湖湖口城陵矶站基本持平。与近 10 年平均值比较，2019 年湘潭、桃江和桃源各站分别偏大 35%、35% 和 11%，石门站偏小 20%；荆江三口新江口站和沙道观站基本持平，弥陀寺、藕池（康）和藕池（管）各站分别偏小 34%、23% 和 7%；城陵矶站偏大 13%。与上年度比较，2019 年湘潭、桃江和桃源各站分别增大 118%、105% 和 44%，石门站减小 24%；荆江三口藕池（管）站基本持平，新江口、沙道观、弥陀寺和藕池（康）各站分别减小 14%、14%、20% 和 8%；城陵矶站增大 44%。

表 1-3 洞庭湖区主要水文控制站实测水沙特征值对比表

河流	湘江	资水	沅江	澧水	松滋河（西）	松滋河（东）	虎渡河	安乡河	藕池河	洞庭湖湖口
水文控制站	湘潭	桃江	桃源	石门	新江口	沙道观	弥陀寺	藕池（康）	藕池（管）	城陵矶
控制流域面积（万平方公里）	8.16	2.67	8.52	1.53						

年径流量（亿立方米）		湘潭	桃江	桃源	石门	新江口	沙道观	弥陀寺	藕池（康）	藕池（管）	城陵矶
	多年平均	658.0 (1950—2015年)	227.7 (1951—2015年)	640.0 (1951—2015年)	146.7 (1950—2015年)	292.9 (1955—2015年)	98.30 (1955—2015年)	149.3 (1953—2015年)	24.94 (1950—2015年)	302.0 (1950—2015年)	2843 (1951—2015年)
	近10年平均	684.6	221.2	667.1	143.1	244.8	52.21	71.23	2.764	99.8	2549
	2018年	424.7	145.6	514.3	150.1	284.5	63.22	58.91	2.320	96.37	1990
	2019年	926.4	299.1	741.8	114.3	243.6	54.68	47.06	2.142	92.88	2873
年输沙量（万吨）	多年平均	909 (1953—2015年)	183 (1953—2015年)	940 (1952—2015年)	500 (1953—2015年)	2690 (1955—2015年)	1080 (1955—2015年)	1470 (1954—2015年)	336 (1956—2015年)	4240 (1956—2015年)	3810 (1951—2015年)
	近10年平均	495	72.7	131	85.0	232	65.0	66.8	4.28	155	2008
	2018年	47.4	0.715	5.79	27.0	429	114	90.3	5.34	211	575
	2019年	926	148	67.6	9.36	158	35.1	24.6	1.39	83.6	1180
年平均含沙量（千克/立方米）	多年平均	0.139 (1953—2015年)	0.081 (1953—2015年)	0.146 (1952—2015年)	0.342 (1953—2015年)	0.918 (1955—2015年)	1.10 (1955—2015年)	1.02 (1954—2015年)	1.96 (1956—2015年)	1.64 (1956—2015年)	0.134 (1951—2015年)
	2018年	0.011	0.000	0.001	0.018	0.151	0.180	0.153	0.230	0.218	0.029
	2019年	0.100	0.050	0.009	0.008	0.065	0.064	0.052	0.065	0.090	0.041
年平均中数粒径（毫米）	多年平均	0.028 (1987—2015年)	0.034 (1987—2015年)	0.012 (1987—2015年)	0.015 (1987—2015年)	0.008 (1987—2015年)	0.008 (1990—2015年)	0.006 (1990—2015年)	0.009 (1990—2015年)	0.011 (1987—2015年)	0.005 (1987—2015年)
	2018年	0.027	0.019	0.021	0.029	0.011	0.010	0.010	0.009	0.010	0.010
	2019年	0.030	0.012	0.009	0.009	0.014	0.011	0.011	0.009	0.012	0.011
输沙模数[吨/（年·平方公里）]	多年平均	111 (1953—2015年)	68.5 (1953—2015年)	110 (1952—2015年)	327 (1953—2015年)						
	2018年	5.81	0.267	0.679	17.6						
	2019年	113	55.3	7.93	6.11						

2019 年洞庭湖区主要水文控制站实测输沙量与多年平均值比较，桃江、桃源和石门各站分别偏小 19%、93% 和 98%，湘潭站基本持平；荆江三口新江口、沙道观、弥陀寺、藕池（康）和藕池（管）各站分别偏小 94%、97%、98%、近 100% 和 98%；城陵矶站偏小 69%。与近 10 年平均值比较，2019 年湘潭站和桃江站分别偏大 87% 和 104%，桃源站和石门站分别偏小 48% 和 89%；荆江三口新江口、沙道观、弥陀寺、藕池（康）和藕池（管）各站分别偏小 32%、46%、63%、68% 和 46%；城陵矶站偏小 41%。与上年度比较，2019 年湘潭、桃江和桃源各站分别增大 1854%、20599% 和 1068%，石门站减小 65%；荆江三口新江口、沙道观、弥陀寺、藕池（康）和藕池（管）各站分别减小 63%、69%、73%、74% 和 60%；城陵矶站增大 105%。

4. 鄱阳湖区

2019 年鄱阳湖区主要水文控制站实测水沙特征值与多年平均值、近 10 年平均值及 2018 年值的比较见表 1-4 和图 1-4。

2019 年鄱阳湖区主要水文控制站实测径流量与多年平均值比较，赣江外洲、抚河李家渡、信江梅港、饶河虎山和湖口水道湖口各站分别偏大 46%、42%、25%、14%

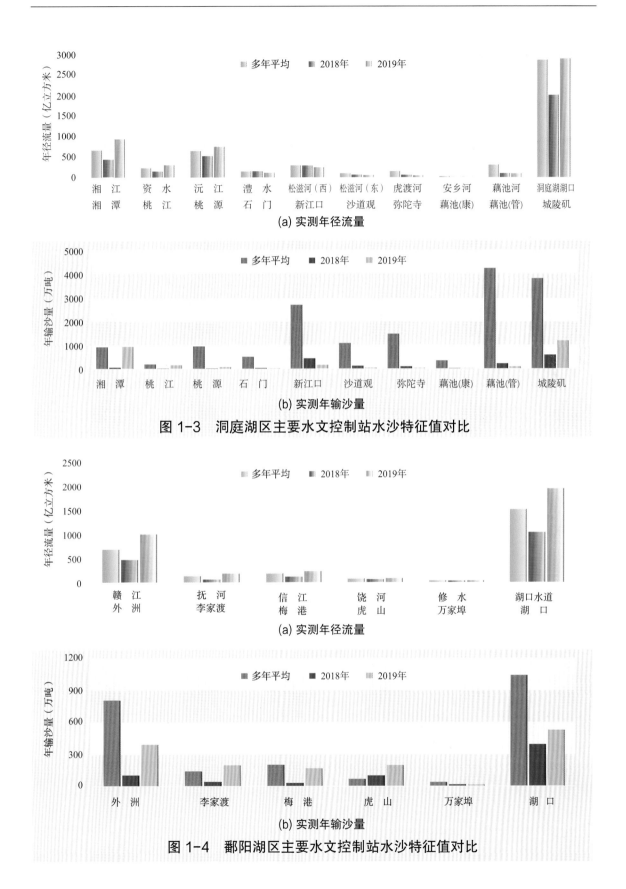

(a) 实测年径流量

(b) 实测年输沙量

图 1-3　洞庭湖区主要水文控制站水沙特征值对比

(a) 实测年径流量

(b) 实测年输沙量

图 1-4　鄱阳湖区主要水文控制站水沙特征值对比

和 29%，修水万家埠站基本持平；与近 10 年平均值比较，外洲、李家渡、梅港和湖口各站分别偏大 31%、28%、10% 和 15%，虎山站基本持平，万家埠站偏小 15%；与上年度比较，外洲、李家渡、梅港、虎山、万家埠和湖口各站分别增大 115%、227%、100%、39%、19% 和 87%。

表 1-4 鄱阳湖区主要水文控制站实测水沙特征值对比表

河 流		赣 江	抚 河	信 江	饶 河	修 水	湖口水道
水文控制站		外 洲	李家渡	梅 港	虎 山	万家埠	湖 口
控制流域面积（万平方公里）		8.09	1.58	1.55	0.64	0.35	16.22
年径流量（亿立方米）	多年平均	683.4 (1950—2015 年)	128.0 (1953—2015 年)	181.7 (1953—2015 年)	71.76 (1953—2015 年)	35.42 (1953—2015 年)	1507 (1950—2015 年)
	近 10 年平均	758.3	141.8	206.5	78.95	40.72	1690
	2018 年	463.4	55.73	113.7	59.09	29.06	1035
	2019 年	995.7	182.2	227.3	82.07	34.54	1938
年输沙量（万吨）	多年平均	804 (1956—2015 年)	137 (1956—2015 年)	198 (1955—2015 年)	64.4 (1956—2015 年)	34.8 (1957—2015 年)	1040 (1952—2015 年)
	近 10 年平均	232	137	133	148	27.9	986
	2018 年	99.4	38.4	27.0	96.9	12.3	391
	2019 年	390	194	165	194	10.5	525
年平均含沙量（千克/立方米）	多年平均	0.119 (1956—2015 年)	0.110 (1956—2015 年)	0.110 (1955—2015 年)	0.092 (1956—2015 年)	0.100 (1957—2015 年)	0.069 (1952—2015 年)
	2018 年	0.021	0.069	0.024	0.164	0.042	0.038
	2019 年	0.039	0.107	0.073	0.237	0.030	0.027
年平均中数粒径（毫米）	多年平均	0.049 (1987—2015 年)	0.052 (1987—2015 年)	0.016 (1987—2015 年)			0.005 (2006—2015 年)
	2018 年	0.009	0.018	0.011			0.008
	2019 年	0.008	0.012	0.012			0.011
输沙模数[吨/(年·平方公里)]	多年平均	99.0 (1956—2015 年)	87.0 (1956—2015 年)	127 (1955—2015 年)	101 (1956—2015 年)	98.0 (1957—2015 年)	64.1 (1952—2015 年)
	2018 年	12.3	24.3	17.4	152	34.7	24.1
	2019 年	48.2	123	106	304	29.6	32.4

2019 年鄱阳湖区主要水文控制站实测输沙量与多年平均值比较，李家渡站和虎山站分别偏大 42% 和 201%，外洲、梅港、万家埠和湖口各站分别偏小 51%、17%、70% 和 50%；与近 10 年平均值比较，外洲、李家渡、梅港和虎山各站分别偏大 68%、42%、24% 和 31%，万家埠站和湖口站分别偏小 62% 和 47%；与上年度比较，外洲、李家渡、梅港、虎山和湖口各站分别增大 292%、405%、511%、100% 和 34%，万家埠站减小 15%。

2019 年 9 月 21 日 8 时至 15 时，鄱阳湖区湖口水道湖口站发生倒灌，倒灌总径流量为 55.0 万立方米，倒灌总输沙量为 20.3 吨。

（二）径流量与输沙量年内变化

1. 长江干流

2019 年长江干流主要水文控制站逐月径流量与输沙量的变化见图 1-5。2019 年长

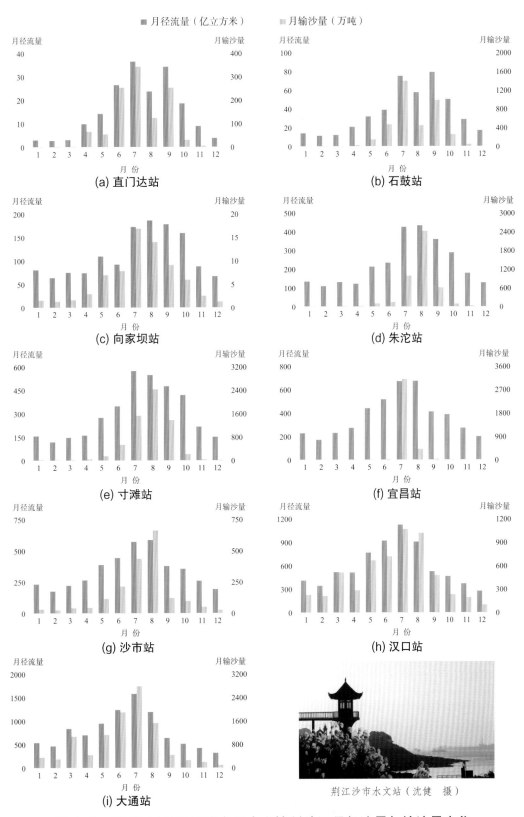

图 1-5　2019 年长江干流主要水文控制站逐月径流量与输沙量变化

江干流主要水文控制站直门达、石鼓、向家坝、朱沱、寸滩、宜昌、沙市、汉口和大通各站的径流量和输沙量主要集中在 5—10 月，分别占全年的 65%～84% 和 73%～100%。

2. 长江主要支流

2019 年长江主要支流水文控制站逐月径流量与输沙量的变化见图 1-6。2019 年长江主要支流水文控制站桐子林、高场、北碚、武隆和皇庄各站径流量和输沙量主要集中在 5—10 月，分别占全年 58%～80% 和 74%～99%。

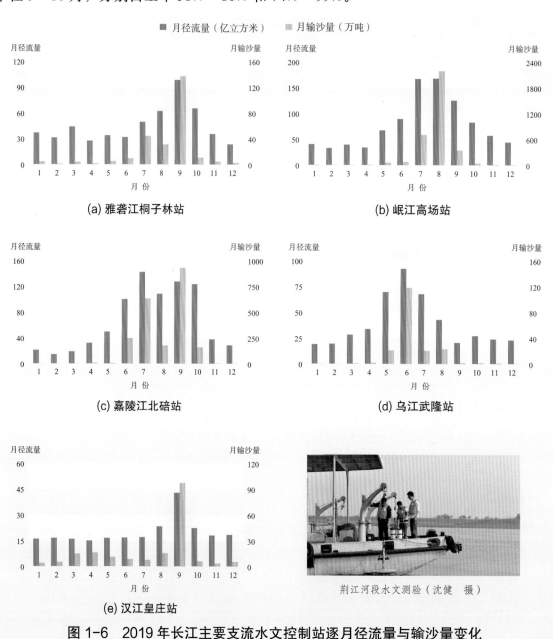

图 1-6　2019 年长江主要支流水文控制站逐月径流量与输沙量变化

3. 洞庭湖区和鄱阳湖区

2019 年洞庭湖区和鄱阳湖区主要水文控制站逐月径流量和输沙量的变化见图 1-7。

洞庭湖区湘潭站和桃源站径流量和输沙量主要集中在 3—7 月，径流量分别占全年的 76% 和 74%，输沙量分别占全年的 96% 和 100%；城陵矶站径流量和输沙量主要集中在 3—8 月，分别占全年的 78% 和 81%。

鄱阳湖区外洲站和梅港站径流量和输沙量主要集中在 3—7 月，径流量分别占全

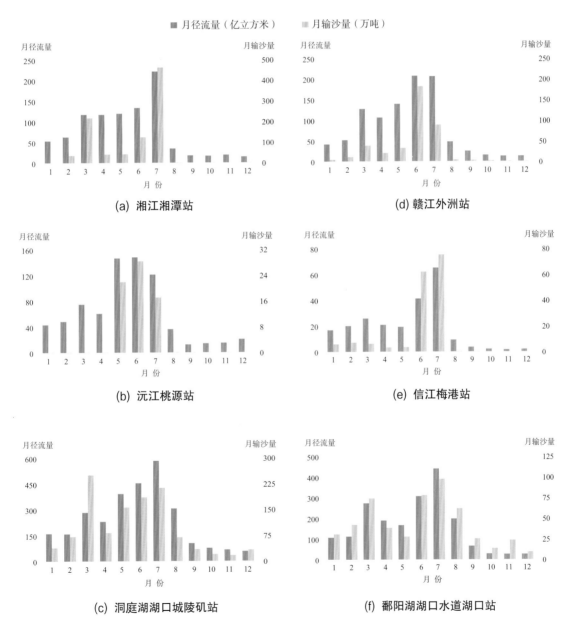

图 1-7　2019 年洞庭湖区和鄱阳湖区主要水文控制站逐月径流量与输沙量变化

年的 80% 和 76%，输沙量分别占全年的 93% 和 91%；湖口站径流量和输沙量主要集中在 3—8 月，分别占全年的 81% 和 72%。

三、重点河段冲淤变化

（一）重庆主城区河段

1. 河段概况

重庆主城区河段是指长江干流大渡口至铜锣峡的干流河段（长约 40 公里）和嘉陵江井口至朝天门的嘉陵江河段（长约 20 公里），嘉陵江在朝天门从左岸汇入长江。重庆主城区河道在平面上呈连续弯曲的河道形态，弯道段与顺直过渡段长度所占比例约为 1:1。重庆主城区河段河势见图 1-8。

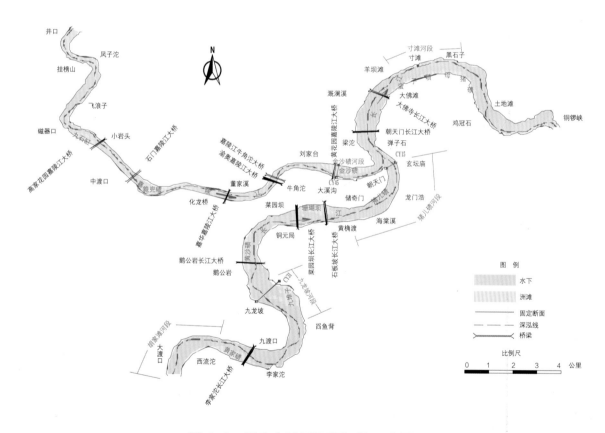

图 1-8 重庆主城区河段河势示意图

2. 冲淤变化

重庆主城区河段位于三峡水库变动回水区上段，2008年三峡水库进行175米（吴淞基面，三峡水库水位、高程下同）试验性蓄水后，受上游来水来沙变化、三峡水库调度等影响，2008年9月中旬至2019年12月全河段累积泥沙冲刷量为2267.6万立方米。其中，嘉陵江汇合口以下的长江干流河段冲刷96.2万立方米，汇合口以上长江干流河段冲刷1881.7万立方米，嘉陵江河段冲刷289.7万立方米。

2018年12月至2019年12月，重庆主城区河段总体为冲刷，泥沙冲刷量为194.3万立方米。其中，长江干流汇合口以上河段冲刷量为219.8万立方米，长江干流汇合口以下河段淤积量为84.7万立方米，嘉陵江河段冲刷量为59.2万立方米。局部重点河段九龙坡、猪儿碛、寸滩和金沙碛河段均表现为冲刷。具体见表1-5及图1-9。

表1-5　重庆主城区河段冲淤量　　　　单位：万立方米

河段 时段	局部重点河段				长江干流			
	九龙坡	猪儿碛	寸　滩	金沙碛	汇合口 （CY15） 以上	汇合口 （CY15） 以下	嘉陵江	全河段
2008年9月至2018年12月	−249.6	−93.2	+19.0	−14.3	−1661.9	−180.9	−230.5	−2073.3
2018年12月至2019年5月	+1.1	−45.4	−11.1	−7.4	−101.1	+2.3	−40.6	−139.4
2019年5月至2019年10月	−9.4	−13.5	+3.7	−10.5	−67.6	+38.0	−24.7	−54.3
2019年10月至2019年12月	−14.2	−1.8	+1.4	+2.2	−51.1	+44.4	+6.1	−0.6
2018年12月至2019年12月	−22.5	−60.7	−6.0	−15.7	−219.8	+84.7	−59.2	−194.3
2008年9月至2019年12月	−272.1	−153.9	+13.0	−30.0	−1881.7	−96.2	−289.7	−2267.6

注　1. "+"表示淤积，"−"表示冲刷。

　　2. 九龙坡、猪儿碛和寸滩各河段分别为长江九龙坡港区、汇合口上游干流港区及寸滩新港区，计算河段长度分别为2364米、3717米和2578米；金沙碛河段为嘉陵江口门段（朝天门附近），计算河段长度为2671米。

图1-9　重庆主城区河段不同时段冲淤变化

3. 典型断面冲淤变化

三峡水库 175 米试验性蓄水以来，重庆主城区河段年际间河床断面形态无明显变化，局部有一定的冲淤变化（图 1-10）。重庆主城区河段年内冲淤一般表现为汛期以淤积为主，汛前消落期河床以冲刷为主，汛后蓄水前期由于上游来水仍较大，且坝前水位较低，河床也以冲刷为主，到蓄水后期才转为淤积；河段断面年内有冲有淤（图 1-11）。

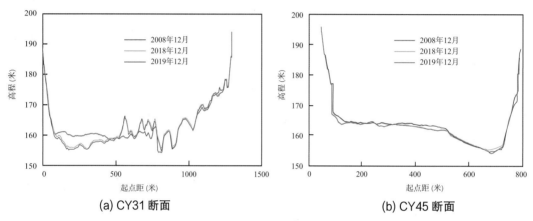

(a) CY31 断面　　　　　　　　　　(b) CY45 断面

图 1-10　重庆主城区河段典型断面年际冲淤变化

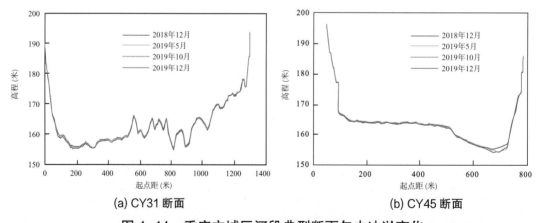

(a) CY31 断面　　　　　　　　　　(b) CY45 断面

图 1-11　重庆主城区河段典型断面年内冲淤变化

4. 河道深泓纵剖面冲淤变化

重庆主城区河段深泓纵剖面有冲有淤，2008 年 12 月至 2019 年 12 月以冲刷为主，深泓累积淤积幅度一般在 3.0 米以内，深泓累积冲刷幅度一般在 4.0 米以内，年内深泓冲淤幅度一般在 0.5 米以内。深泓纵剖面变化见图 1-12。

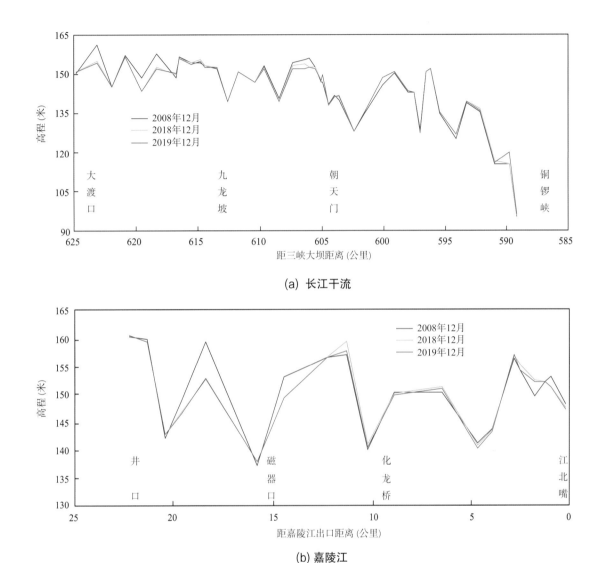

(a) 长江干流

(b) 嘉陵江

图 1-12　重庆主城区河段长江干流和嘉陵江深泓纵剖面变化

（二）荆江河段

1. 河段概况

　　荆江河段上起湖北省枝城、下讫湖南省城陵矶，流经湖北省的枝江、松滋、荆州、公安、沙市、江陵、石首、监利和湖南省的华容、岳阳等县（区、市），全长 347.2 公里。其间以藕池口为界，分为上荆江和下荆江。上荆江长约 171.7 公里，为微弯分汊河型；下荆江长约 175.5 公里，为典型蜿蜒性河道。荆江河段河势见图 1-13。

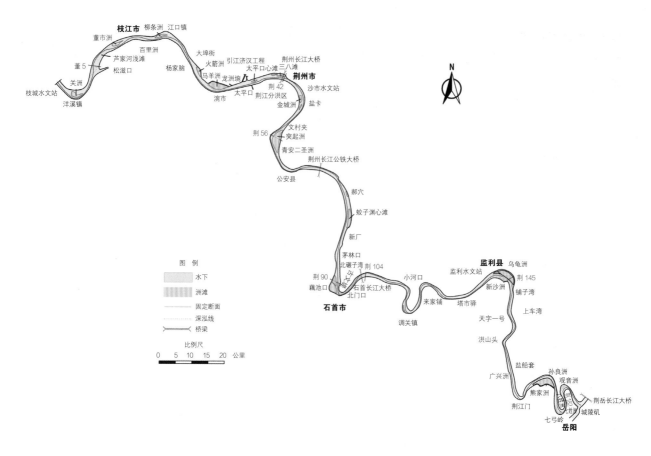

图 1-13　荆江河段河势示意图

2. 冲淤变化

2018 年 10 月至 2019 年 10 月，荆江河段平滩河槽冲刷 5351 万立方米，上荆江和下荆江河段分别冲刷 1676 万立方米和 3675 万立方米，冲刷主要集中在枯水河槽。2002 年 10 月至 2019 年 10 月，荆江河段持续冲刷，平滩河槽累积冲刷量为 119165 万立方米，年平均冲刷量为 7010 万立方米，上荆江和下荆江河段冲刷量分别占总冲刷量的 58% 和 42%。荆江河段冲淤变化具体见表 1-6 及图 1-14。

三峡水库蓄水运用以来，荆江河段河势基本稳定，由于受上游水库拦沙、航道整治等人类活动影响，河道发生了较大幅度的沿程冲刷，同时局部河段主流及河势变化较大，崩岸时有发生。近年来荆江河段河床冲刷强度总体呈下降趋势，冲刷主要发生在枯水河槽内。2019 年监利河段冲刷较大，其冲刷量占下荆江总冲刷量的 73%。

3. 典型断面冲淤变化

荆江河段断面形态多为不规则的 U 形、W 形或偏 V 形，三峡水库蓄水运用以来，荆江河段河床变形以主河槽冲刷下切为主，局部未护河段岸坡崩退；顺直段断面变化小，分汊段及弯道段断面变化较大，如三八滩、金城洲、石首弯道、乌龟洲等河段滩槽交替冲淤变化较大。上荆江滩槽冲淤变化频繁，洲滩冲刷萎缩，如董 5 断面；受护岸工程作用，两岸岸坡变化较小，如荆 56 断面。下荆江河槽冲淤变化较大，如荆 145 断面和荆 181 断面。典型断面冲淤变化见图 1-15。

表 1-6　荆江河段冲淤量

单位：万立方米

河段	时段	冲淤量		
		枯水河槽	基本河槽	平滩河槽
上荆江	2002 年 10 月至 2017 年 10 月	− 58590	− 60093	− 62573
	2017 年 10 月至 2018 年 10 月	− 5251	− 5288	− 5346
	2018 年 10 月至 2019 年 10 月	− 1530	− 1589	− 1676
	2002 年 10 月至 2019 年 10 月	− 65371	− 66970	− 69595
下荆江	2002 年 10 月至 2017 年 10 月	− 36119	− 38466	− 42512
	2017 年 10 月至 2018 年 10 月	− 2515	− 3047	− 3383
	2018 年 10 月至 2019 年 10 月	− 3682	− 3720	− 3675
	2002 年 10 月至 2019 年 10 月	− 42316	− 45233	− 49570
荆江河段	2002 年 10 月至 2017 年 10 月	− 94709	− 98559	− 105085
	2017 年 10 月至 2018 年 10 月	− 7766	− 8335	− 8729
	2018 年 10 月至 2019 年 10 月	− 5212	− 5309	− 5351
	2002 年 10 月至 2019 年 10 月	− 107687	− 112203	− 119165

注　1.“＋”表示淤积，“−”表示冲刷。
　　2. 枯水河槽、基本河槽和平滩河槽分别指宜昌站流量 5000 立方米 / 秒、10000 立方米 / 秒和 30000 立方米 / 秒对应水面线下的河床。

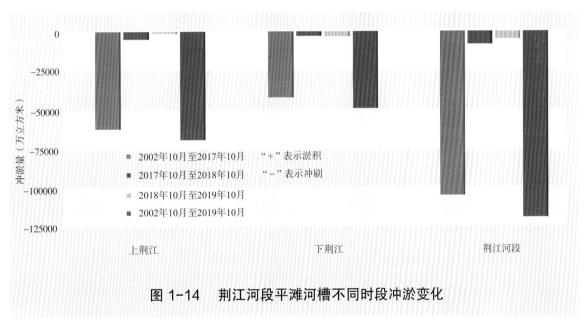

图 1-14　荆江河段平滩河槽不同时段冲淤变化

4. 河段深泓纵剖面冲淤变化

三峡水库蓄水运用以来，荆江河段深泓纵剖面冲淤交替（图 1-16）。2002 年 10

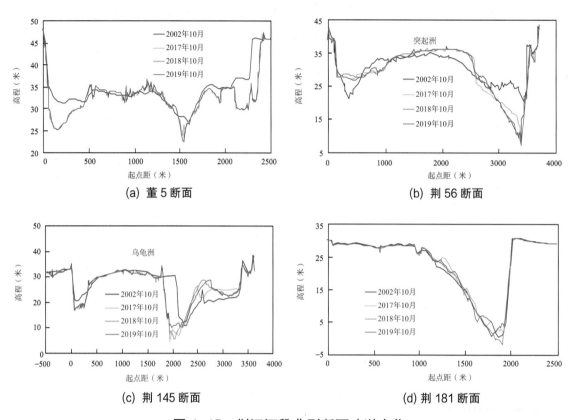

(a) 董5断面   (b) 荆56断面

(c) 荆145断面   (d) 荆181断面

图 1-15　荆江河段典型断面冲淤变化

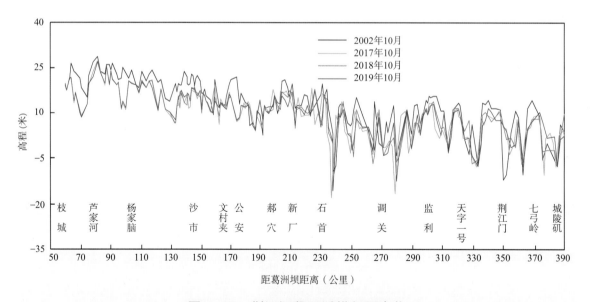

图 1-16　荆江河段深泓纵剖面变化

月至 2019 年 10 月期间，荆江河段深泓以冲刷为主，平均冲刷深度为 2.94 米，最大冲刷深度为 16.2 米，位于调关河段的荆 120 断面（距葛洲坝距离 264.7 公里）。

四、重要水库冲淤变化

（一）三峡水库

1. 进出库水沙量

2019 年 1 月 1 日三峡水库坝前水位由 174.46 米开始逐步消落，至 6 月 6 日水位消落至 145 米，比原计划提前 4 天消落至汛限水位，随后三峡水库转入汛期运行，9 月 10 日起三峡水库进行 175 米试验性蓄水（坝前水位为 146.73 米），至 10 月 31 日水库坝前水位达到 175 米。2019 年三峡水库入库径流量和输沙量（朱沱站、北碚站和武隆站三站之和）分别为 4016 亿立方米和 0.685 亿吨，与 2003—2018 年的平均值相比，年径流量偏大 10%，年输沙量偏小 56%。

三峡水库出库控制站黄陵庙水文站 2019 年径流量和输沙量分别为 4441 亿立方米和 0.094 亿吨。宜昌站 2019 年径流量和输沙量分别为 4466 亿立方米和 0.088 亿吨，与 2003—2018 年的平均值相比，年径流量偏大 9%，年输沙量偏小 75%。

2. 水库淤积量

在不考虑区间来沙的情况下，库区泥沙淤积量为三峡水库入库与出库沙量之差。2019 年三峡水库库区泥沙淤积量为 0.591 亿吨，水库排沙比为 14%。2019 年三峡水库淤积量年内变化见图 1-17。

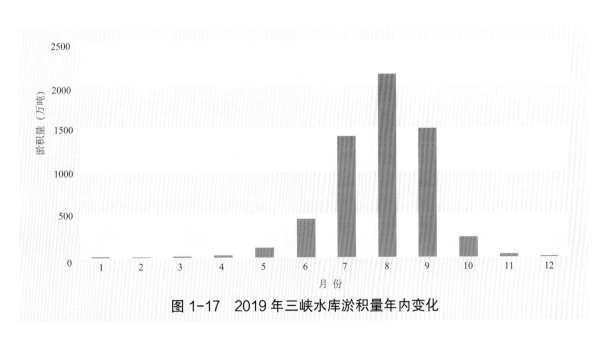

图 1-17　2019 年三峡水库淤积量年内变化

三峡水库 2003 年 6 月蓄水运用以来至 2019 年 12 月，入库悬移质泥沙量为 24.0 亿吨，出库（黄陵庙站）悬移质泥沙量为 5.72 亿吨，不考虑三峡水库库区区间来沙，水库淤积泥沙 18.3 亿吨，水库排沙比为 24%。

3. 水库典型断面冲淤变化

三峡水库蓄水运用以来，变动回水区总体冲刷，泥沙淤积主要集中在涪陵以下的常年回水区，水库 175 米和 145 米高程以下河床内泥沙淤积量分别占干流总淤积量的 98% 和 90%。三峡水库泥沙淤积以主槽淤积为主，沿程则以宽谷河段淤积为主，占总淤积量的 94%，如 S113、S207 等断面；窄深河段淤积相对较少或略有冲刷，如位于瞿塘峡的 S109 断面；深泓最大淤高 65.8 米（S34 断面）。三峡水库典型断面冲淤变化见图 1-18。

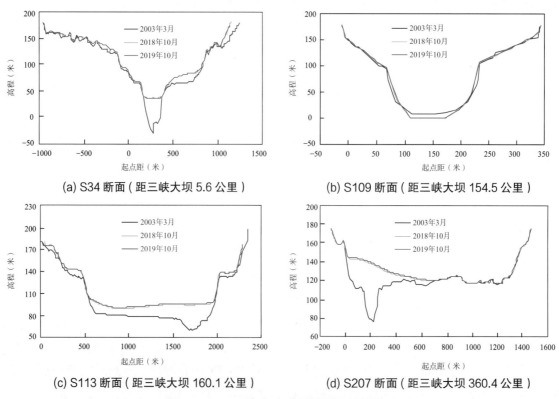

(a) S34 断面（距三峡大坝 5.6 公里）　　(b) S109 断面（距三峡大坝 154.5 公里）

(c) S113 断面（距三峡大坝 160.1 公里）　　(d) S207 断面（距三峡大坝 360.4 公里）

图 1-18　三峡水库典型断面冲淤变化

（二）丹江口水库

丹江口水利枢纽位于汉江中游、丹江入江口下游 0.8 公里处。丹江口水库自 1968 年开始蓄水，1973 年建成初期规模，坝顶高程 162 米，2014 年丹江口大坝坝顶高程加高至 176.6 米，正常蓄水位 170 米。

1. 进出库水沙量

2019 年丹江口水库入库径流量和输沙量（干流白河站、天河贾家坊站、堵河黄龙滩站、丹江西峡站和荆紫关站五站之和）分别为 344.4 亿立方米和 502 万吨，较 1968—2018 年的平均值分别偏大 14% 和偏小 82%。

2019 年丹江口水库出库径流量和输沙量（丹江口大坝、中线调水的渠首陶岔闸和清泉沟闸三个出库口水沙量之和）分别为 284.1 亿立方米和 1.08 万吨，其中大坝出库控制站黄家港站年径流量为 208.6 亿立方米，陶岔闸和清泉沟闸引沙量近似为 0。与 1968—2018 年平均值比较，2019 年出库径流量和输沙量分别偏小 15% 和 98%。

2. 水库淤积量

在不考虑区间来沙量的情况下，2019 年丹江口水库库区泥沙淤积量为 501 万吨，水库排沙比仍然接近 0。1968—2019 年水库泥沙累积淤积量为 14.3 亿吨。

（三）向家坝水库

向家坝水电站坝址位于四川省宜宾县和云南省水富县交界处的金沙江下游河段上，以发电为主，总装机容量为 640 万千瓦，兼顾航运、防洪、灌溉、拦沙等综合效益，并具有对上游溪洛渡水电站进行反调节等作用。向家坝水电站于 2008 年 12 月截流，2012 年 10 月开始蓄水运用，水库正常蓄水位 380 米，汛期限制水位和死水位皆为 370 米，水库总库容 51.63 亿立方米。

1. 进出库水沙量

2019 年向家坝水库入库水沙量按照溪洛渡水文站统计，年径流量为 1281 亿立方米，年输沙量为 108 万吨；水库出库站向家坝站年径流量为 1344 亿立方米，年输沙量为 72.3 万吨。

2. 水库淤积量

2018 年 5 月至 2019 年 5 月，向家坝水库库区地形实测泥沙冲刷量为 459 万立方米，其中干流库区冲刷 628 万立方米，主要支流淹没区淤积 169 万立方米。2008 年 3 月至 2019 年 5 月，向家坝水库干、支流泥沙淤积量为 4113 万立方米，其中，干流库区淤积量为 3153 万立方米，主要支流淹没区淤积量为 960 万立方米；在 370 米死水位以下库床泥沙淤积量占总淤积量的 95%，占水库死库容的 1%。

五、重要泥沙事件

（一）长江干流河道和洞庭湖区、鄱阳湖区采砂及疏浚砂综合利用

2019 年长江干流河道行政许可实施采砂共 43 项，实际完成采砂总量约为 1066 万

吨。按河段分布，长江上游（宜昌以上）干流河道 14 项，采砂量约为 191 万吨；长江中下游（宜昌以下）干流河道 29 项，采砂量约为 875 万吨。按用途分布，建筑砂料开采 14 项，采砂量约为 191 万吨；吹填造地等其他砂料开采约 29 项，采砂量约为 875 万吨。按省（直辖市）分布，重庆市 11 项，采砂量约为 175 万吨；湖北省 12 项，采砂量约为 211 万吨；江苏省 16 项，采砂量约为 526 万吨；上海市 4 项，采砂量约为 154 万吨。2019 年洞庭湖区和鄱阳湖区行政许可实施采砂分别为 10 项和 8 项，实际完成采砂量分别约为 508 万吨和 1950 万吨。

2019 年长江干流疏浚砂综合利用共计 16 项，疏浚砂利用总量约为 4205 万吨。其中：航道疏浚砂综合利用 11 项，疏浚砂利用量约为 4178 万吨；码头、锚地、停泊区等综合利用 4 项，疏浚砂利用量约为 23 万吨；三峡水库宜昌河段淤积砂综合利用试点 1 项，淤积砂利用量约为 4 万吨。按河段分布，长江上游（宜昌以上）河道 8 项，疏浚砂利用量约为 48 万吨；长江中下游（宜昌以下）河道 8 项，疏浚砂利用量约为 4157 万吨。按省（直辖市）分布，重庆市 8 项，疏浚砂利用量约为 48 万吨；湖北省 5 项，疏浚砂利用量约为 97 万吨；江苏省 1 项，疏浚砂利用量约为 10 万吨；上海市 2 项，疏浚砂利用量约为 4050 万吨。

（二）长江流域实施国家水土保持重点工程

2019 年长江流域实施了中央财政水利发展资金水土保持项目和中央预算内投资坡耕地水土流失综合治理工程 2 类国家水土保持重点工程，共涉及 299 个项目县，完成水土流失治理面积 4542.5 平方公里。其中，中央财政水利发展资金水土保持项目在西藏、云南、贵州、四川、重庆、甘肃、陕西、河南、湖北、湖南、江西、安徽、江苏、浙江和广西 15 省（自治区、直辖市）222 个项目县实施，完成水土流失治理面积 4329.6 平方公里；中央预算内投资坡耕地水土流失综合治理工程在云南、贵州、四川、重庆、甘肃、陕西、河南、湖北、湖南和安徽 10 省（自治区、直辖市）77 个项目县实施，完成水土流失治理面积 212.9 平方公里。

（三）长江干流及主要支流河道发生崩岸

2018 年 12 月至 2019 年 11 月，长江干流及主要支流河道共发生崩岸 71 处，崩岸长度 22423 米；其中长江中下游干流 20 处，长度为 5095 米；主要支流 51 处，长度为 17328 米。按地区分布，湖北省长江干流崩岸 15 处，长度为 3705 米，主要支流崩岸 6 处，长度为 1230 米；湖南省长江干流崩岸 1 处，长度为 300 米；江西省长江干流崩岸 2 处，长度为 450 米；安徽省长江干流崩岸 1 处，长度为 550 米；江苏省长江干流崩岸 1 处，长度为 90 米；四川省主要支流崩岸 31 处，长度为 11268 米；重庆市主要支流崩岸 14 处，长度为 4830 米。

第二章　黄河

一、概述

2019 年黄河干流主要水文控制站实测径流量与多年均值比较，各站偏大 7%～64%；与近 10 年平均值比较，各站偏大 44%～69%；与上年度比较，利津站减小 6%，潼关、花园口、高村和艾山各站基本持平，其他站增大 6%～11%。2019 年实测输沙量与多年平均值比较，唐乃亥站和头道拐站分别偏大 45% 和 44%，其他站偏小 56%～83%；与近 10 年平均值比较，兰州站偏小 11%，龙门站和潼关站基本持平，其他站偏大 54%～182%；与上年度比较，头道拐站增大 45%，花园口、高村和艾山各站基本持平，其他站减小 9%～78%。

2019 年黄河主要支流水文控制站实测径流量与多年平均值比较，洮河红旗站偏大 15%，泾河张家山站和渭河华县站基本持平，其他站偏小 28%～88%；与近 10 年平均值比较，红旗、窟野河温家川、张家山和华县各站分别偏大 24%、8%、33% 和 20%，其他站偏小 12%～52%；与上年度比较，温家川、张家山和华县各站基本持平，其他站减小 10%～31%。2019 年实测输沙量与多年平均值比较，各站偏小 81%～99%；与近 10 年平均值比较，华县站基本持平，其他站偏小 12%～79%；与上年度比较，各站减小 7%～86%。

2018 年 10 月至 2019 年 10 月，内蒙古河段石嘴山站和头道拐站断面表现为淤积，巴彦高勒站和三湖河口站断面表现为冲刷；2019 年黄河下游河道总淤积量为 0.761 亿立方米，引水量为 132.2 亿立方米，引沙量为 3840 万吨。

2018 年 10 月至 2019 年 10 月，三门峡水库库区表现为冲刷，总冲刷量为 0.706 亿立方米；小浪底水库库区表现为冲刷，总冲刷量为 1.962 亿立方米。

2019 年 9 月 18 日，习近平总书记在郑州主持召开黄河流域生态保护和高质量发展座谈会并发表重要讲话，对黄河泥沙治理问题作出重要指示。2019 年重要泥沙事件包括小浪底水库汛期排沙效果显著，万家寨水库和龙口水库汛期开展联合冲沙调度。

二、径流量与输沙量

（一）2019 年实测水沙特征值

1. 黄河干流

2019 年黄河干流主要水文控制站实测水沙特征值与多年平均值、近 10 年平均值及 2018 年值的比较见表 2-1 和图 2-1。

2019 年黄河干流主要水文控制站实测径流量与多年平均值比较，各站偏大 7% ~ 64%，其中利津、艾山、唐乃亥和头道拐各站分别偏大 7%、12%、55% 和 64%；与近 10 年平均值比较，各站偏大 44% ~ 69%，其中唐乃亥、兰州、龙门和头道拐各站

表 2-1　黄河干流主要水文控制站实测水沙特征值对比表

水文控制站		唐乃亥	兰 州	头道拐	龙 门	潼 关	花园口	高 村	艾 山	利 津
控制流域面积（万平方公里）		12.20	22.26	36.79	49.76	68.22	73.00	73.41	74.91	75.19
年径流量（亿立方米）	多年平均	200.6 (1950—2015 年)	309.2 (1950—2015 年)	215.0 (1950—2015 年)	258.1 (1950—2015 年)	335.5 (1952—2015 年)	373.0 (1950—2015 年)	331.6 (1952—2015 年)	330.9 (1952—2015 年)	292.8 (1952—2015 年)
	近 10 年平均	216.0	329.4	208.7	229.6	282.3	303.7	276.7	250.7	196.2
	2018 年	291.5	441.8	324.9	341.2	414.6	448.0	410.1	376.3	333.8
	2019 年	310.3	477.3	353.0	380.0	415.6	457.6	407.8	369.5	312.2
年输沙量（亿吨）	多年平均	0.119 (1956—2015 年)	0.633 (1950—2015 年)	1.00 (1950—2015 年)	6.76 (1950—2015 年)	9.78 (1952—2015 年)	8.36 (1950—2015 年)	7.49 (1952—2015 年)	7.23 (1952—2015 年)	6.74 (1952—2015 年)
	近 10 年平均	0.112	0.236	0.572	1.31	1.72	1.16	1.38	1.46	1.26
	2018 年	0.211	0.960	0.997	3.24	3.73	3.44	3.15	3.17	2.97
	2019 年	0.172	0.210	1.44	1.25	1.68	3.28	3.30	3.17	2.71
年平均含沙量（千克/立方米）	多年平均	0.592 (1956—2015 年)	2.05 (1950—2015 年)	4.67 (1950—2015 年)	26.2 (1950—2015 年)	29.1 (1952—2015 年)	22.4 (1950—2015 年)	22.6 (1952—2015 年)	21.8 (1952—2015 年)	23.0 (1952—2015 年)
	2018 年	0.724	2.17	3.07	9.54	9.01	7.68	7.68	8.42	8.89
	2019 年	0.554	0.440	4.08	3.29	4.04	7.17	8.09	8.58	8.68
年平均中数粒径（毫米）	多年平均	0.017 (1984—2015 年)	0.016 (1957—2015 年)	0.016 (1958—2015 年)	0.026 (1956—2015 年)	0.021 (1961—2015 年)	0.019 (1961—2015 年)	0.020 (1954—2015 年)	0.021 (1962—2015 年)	0.019 (1962—2015 年)
	2018 年	0.011	0.014	0.029	0.023	0.015	0.016	0.013	0.013	0.012
	2019 年	0.010	0.012	0.027	0.021	0.019	0.025	0.022	0.022	0.021
输沙模数[吨/(年·平方公里)]	多年平均	97.3 (1956—2015 年)	284 (1950—2015 年)	273 (1950—2015 年)	1360 (1950—2015 年)	1430 (1952—2015 年)	1150 (1950—2015 年)	1020 (1952—2015 年)	965 (1952—2015 年)	896 (1952—2015 年)
	2018 年	173	431	271	651	547	471	429	423	395
	2019 年	141	94.3	391	251	246	449	450	423	360

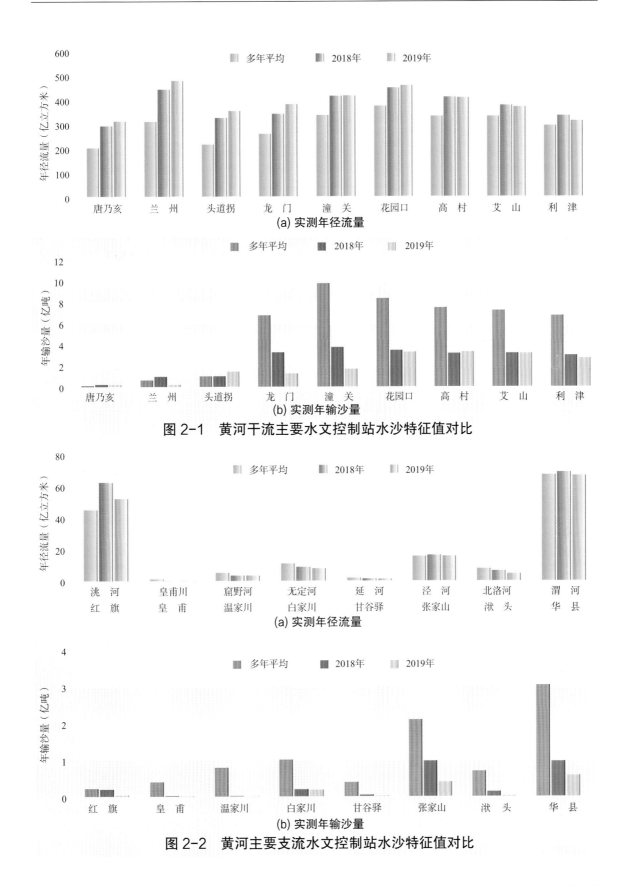

(a) 实测年径流量

(b) 实测年输沙量

图 2-1 黄河干流主要水文控制站水沙特征值对比

(a) 实测年径流量

(b) 实测年输沙量

图 2-2 黄河主要支流水文控制站水沙特征值对比

分别偏大 44%、45%、65% 和 69%；与上年度比较，利津站减小 6%，潼关、花园口、高村和艾山各站基本持平，其他站增大 6%～11%，其中唐乃亥站和龙门站分别增大 6% 和 11%。

2019 年黄河干流主要水文控制站实测输沙量与多年平均值比较，唐乃亥站和头道拐站分别偏大 45% 和 44%，其他站偏小 56%～83%，其中高村、艾山、龙门和潼关各站分别偏小 56%、56%、82% 和 83%；与近 10 年平均值比较，兰州站偏小 11%，龙门站和潼关站基本持平，其他站偏大 54%～182%，其中唐乃亥、利津、高村和花园口各站分别偏大 54%、115%、139% 和 182%；与上年度比较，头道拐站增大 45%，花园口、高村和艾山各站基本持平，其他站减小 9%～78%，其中利津、唐乃亥、龙门和兰州各站分别减小 9%、18%、61% 和 78%。

2. 黄河主要支流

2019 年黄河主要支流水文控制站实测水沙特征值与多年平均值、近 10 年平均值及 2018 年值的比较见表 2-2 和图 2-2。

表 2-2　黄河主要支流水文控制站实测水沙特征值对比表

河　　流		洮河	皇甫川	窟野河	无定河	延河	泾河	北洛河	渭河
水文控制站		红旗	皇甫	温家川	白家川	甘谷驿	张家山	㹀头	华县
控制流域面积 （万平方公里）		2.50	0.32	0.85	2.97	0.59	4.32	2.56	10.65
年径流量 （亿立方米）	多年平均	45.10 (1954—2015 年)	1.275 (1954—2015 年)	5.280 (1954—2015 年)	11.07 (1956—2015 年)	2.023 (1952—2015 年)	15.73 (1950—2015 年)	7.877 (1950—2015 年)	67.40 (1950—2015 年)
	近 10 年平均	42.02	0.3251	3.169	9.089	1.612	11.81	5.670	55.79
	2018 年	62.46	0.2245	3.535	8.895	1.555	16.40	6.496	69.10
	2019 年	52.09	0.1557	3.424	7.995	1.298	15.74	4.654	66.86
年输沙量 （亿吨）	多年平均	0.215 (1954—2015 年)	0.394 (1954—2015 年)	0.782 (1954—2015 年)	1.00 (1956—2015 年)	0.387 (1952—2015 年)	2.09 (1950—2015 年)	0.690 (1956—2015 年)	3.03 (1950—2015 年)
	近 10 年平均	0.050	0.038	0.010	0.205	0.046	0.629	0.091	0.570
	2018 年	0.192	0.017	0.013	0.193	0.041	0.963	0.133	0.954
	2019 年	0.037	0.011	0.006	0.180	0.015	0.395	0.019	0.571
年平均 含沙量 （千克/立方米）	多年平均	4.76 (1954—2015 年)	309 (1954—2015 年)	148 (1954—2015 年)	90.6 (1956—2015 年)	191 (1952—2015 年)	133 (1950—2015 年)	87.6 (1956—2015 年)	44.9 (1950—2015 年)
	2018 年	3.07	75.7	3.68	21.7	26.4	58.7	20.5	13.8
	2019 年	0.701	72.6	1.75	22.5	11.3	25.1	4.06	8.54
年平均 中数粒径 （毫米）	多年平均		0.041 (1957—2015 年)	0.047 (1958—2015 年)	0.031 (1962—2015 年)	0.027 (1963—2015 年)	0.024 (1964—2015 年)	0.027 (1963—2015 年)	0.017 (1956—2015 年)
	2018 年		0.016	0.010	0.025	0.024	0.020	0.005	0.010
	2019 年		0.018	0.014	0.024	0.015	0.019	0.005	0.016
输沙模数 [吨/（年·平方公里）]	多年平均	860 (1954—2015 年)	12400 (1954—2015 年)	9190 (1954—2015 年)	3380 (1956—2015 年)	6570 (1952—2015 年)	4830 (1950—2015 年)	2690 (1956—2015 年)	2840 (1950—2015 年)
	2018 年	768	531	153	650	695	2230	520	896
	2019 年	146	353	70.6	606	249	914	73.8	536

2019 年黄河主要支流水文控制站实测径流量与多年平均值比较，洮河红旗站偏大 15%，泾河张家山站和渭河华县站基本持平，其他站偏小 28%～88%，其中无定河白家川站和皇甫川皇甫站分别偏小 28% 和 88%；与近 10 年平均值比较，红旗、窟野河温家川、张家山和华县各站分别偏大 24%、8%、33% 和 20%，其他站偏小 12%～52%，其中白家川站和皇甫站分别偏小 12% 和 52%；与上年度比较，温家川、张家山和华县各站基本持平，其他站减小 10%～31%，其中白家川站和皇甫站分别减小 10% 和 31%。

2019 年黄河主要支流水文控制站实测输沙量与多年平均值比较，各站偏小 81%～99%，其中张家山、华县、皇甫、北洛河洑头和温家川各站分别偏小 81%、81%、97%、97% 和 99%；与近 10 年平均值比较，华县站基本持平，其他站偏小 12%～79%，其中白家川、红旗、皇甫和洑头各站分别偏小 12%、26%、70% 和 79%；与上年度比较，各站减小 7%～86%，其中白家川、皇甫、红旗和洑头各站分别减小 7%、35%、81% 和 86%。

（二）径流量与输沙量年内变化

2019 年黄河干流主要水文控制站逐月径流量与输沙量见图 2-3。2019 年黄河干流唐乃亥、头道拐、龙门、潼关、花园口和利津各站径流量和输沙量主要集中在 6—11 月，分别占全年的 65%～78% 和 85%～96%，其中汛期（7—10 月）分别占全年的 49%～59% 和 67%～89%。

三、重点河段冲淤变化

（一）内蒙古河段典型断面冲淤变化

黄河石嘴山、巴彦高勒、三湖河口和头道拐各水文站断面的冲淤变化见图 2-4。其中，巴彦高勒站和头道拐站为 1956 年黄海高程系，石嘴山站和三湖河口站为大沽高程系。

石嘴山站断面 2019 年汛后与 1992 年同期相比 [图 2-4(a)]，主槽河底冲刷，两侧淤积，高程 1093.00 米以下（汛期历史最高水位以上 0.65 米）断面面积减小 124 平方米（起点距 143～446 米），总体表现为淤积。2019 年汛后与 2018 年同期相比，高程 1093.00 米以下断面面积减小约 7 平方米，河槽总体略有淤积。

巴彦高勒站断面 2019 年汛后与 2014 年同期相比 [图 2-4(b)]，高程 1055.00 米以下（汛期历史最高水位以上 0.60 米）断面面积增大 732 平方米，断面整体刷深。2019 年汛后与 2018 年同期相比，高程 1055.00 米以下断面面积增大约 328 平方米，总体表现为冲刷，河槽右侧冲刷明显。

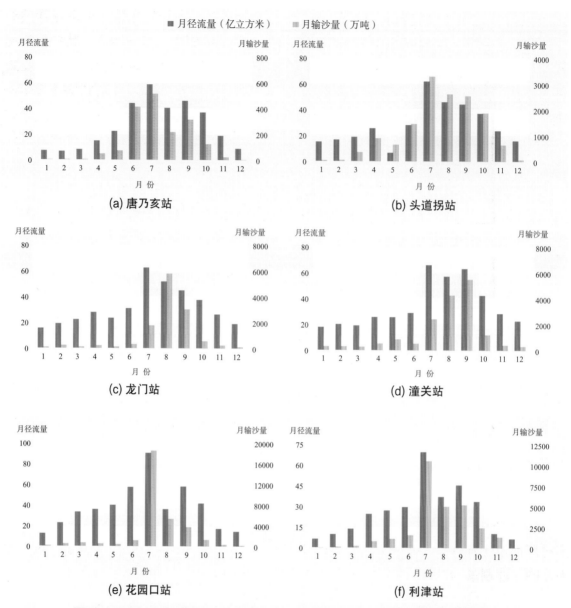

图 2-3 2019 年黄河干流主要水文控制站逐月径流量与输沙量变化

三湖河口站断面 2019 年汛后与 2002 年同期相比 [图 2-4(c)]，主槽断面左侧展宽，主槽刷深，高程 1021.00 米以下（汛期历史最高水位以上 0.19 米）断面面积增大约 589 平方米，河槽冲刷严重。2019 年汛后与 2018 年同期相比，高程 1021.00 米以下断面面积增大约 50 平方米，断面总体冲刷，主槽右侧冲刷明显。

头道拐站断面 2019 年汛后与 1987 年同期相比 [图 2-4(d)]，主河槽左侧缩窄，深泓点右移和抬升，高程 991.00 米以下（汛期历史最高水位以上 0.31 米）断面面积减小约 424 平方米，断面总体淤积。2019 年汛后与 2018 年同期相比，主河槽左侧淤积，右侧冲刷，高程 991.00 米以下断面面积减小约 137 平方米，总体表现为淤积。

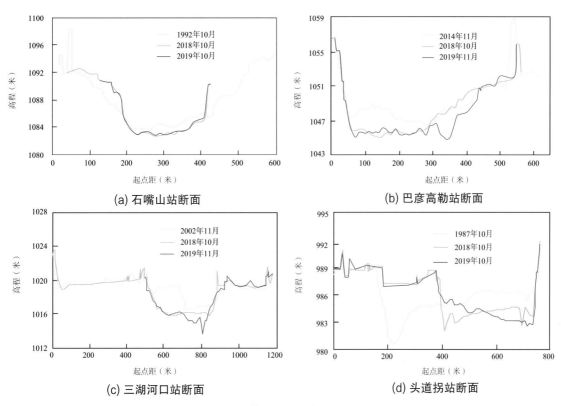

(a) 石嘴山站断面   (b) 巴彦高勒站断面

(c) 三湖河口站断面   (d) 头道拐站断面

图 2-4 黄河内蒙古河段典型断面冲淤变化

（二）黄河下游河段

1. 河段冲淤量

2018 年 10 月至 2019 年 10 月，黄河下游河道总淤积量为 0.761 亿立方米。其中，高村断面以上河段均表现为淤积，淤积量为 1.08 亿立方米；高村断面以下河段均表现为冲刷，冲刷量为 0.319 亿立方米。各河段冲淤量见表 2-3。

表 2-3 2018 年 10 月至 2019 年 10 月黄河下游各河段冲淤量

河 段	西霞院—花园口	花园口—夹河滩	夹河滩—高 村	高 村—孙 口	孙 口—艾 山	艾 山—泺 口	泺 口—利 津	合 计
河段长度（公里）	112.8	100.8	72.6	118.2	63.9	101.8	167.8	737.9
冲淤量（亿立方米）	+0.641	+0.404	+0.035	−0.170	−0.045	−0.071	−0.033	+0.761

注 "+"表示淤积，"−"表示冲刷。

2. 典型断面冲淤变化

黄河下游河道典型断面冲淤变化见图 2-5。与上年同期相比，2019 年 10 月花园口断面和丁庄断面主槽均略有淤积，深泓抬升；孙口断面基本保持不变；泺口断面略有冲刷。

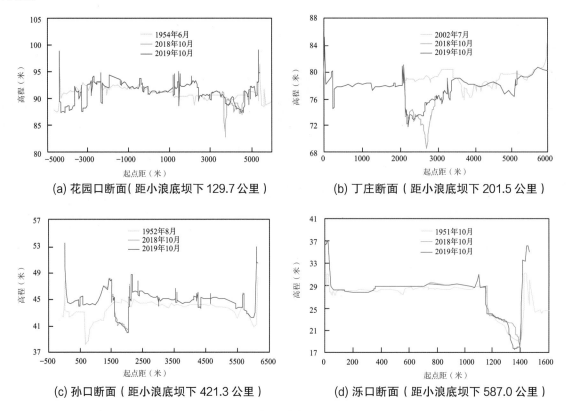

(a) 花园口断面（距小浪底坝下 129.7 公里）

(b) 丁庄断面（距小浪底坝下 201.5 公里）

(c) 孙口断面（距小浪底坝下 421.3 公里）

(d) 泺口断面（距小浪底坝下 587.0 公里）

图 2-5 黄河下游河道典型断面冲淤变化

3. 引水引沙

根据黄河下游 96 处引水口引水监测和 79 处引水口引沙监测统计，2019 年黄河下游实测引水量为 132.2 亿立方米，实测引沙量为 3840 万吨。其中，西霞院—高村河段引水量和引沙量分别为 38.63 亿立方米和 821 万吨，高村—艾山河段引水量和引沙量分别为 26.62 亿立方米和 708 万吨，艾山—利津河段引水量和引沙量分别为 59.79 亿立方米和 2130 万吨。各河段实测引水量与引沙量见表 2-4。

表 2-4 2019 年黄河下游各河段实测引水量与引沙量

河 段	西霞院—花园口	花园口—夹河滩	夹河滩—高村	高村—孙口	孙口—艾山	艾山—泺口	泺口—利津	利津以下	合计
引水量（亿立方米）	6.920	13.92	17.79	11.24	15.38	21.81	37.98	7.180	132.2
引沙量（万吨）	105	273	443	293	415	925	1200	184	3840

四、重要水库冲淤变化

（一）三门峡水库

1. 水库冲淤量

2018 年 10 月至 2019 年 10 月，三门峡水库库区表现为冲刷，总冲刷量为 0.706 亿立方米。其中，黄河小北干流河段冲刷量为 0.392 亿立方米，干流三门峡—潼关河段冲刷量为 0.117 亿立方米；支流渭河冲刷量为 0.194 亿立方米，北洛河冲刷量为 0.003 亿立方米。三门峡水库库区 2019 年度及多年累积冲淤量分布见表 2-5。

表 2-5　三门峡水库库区 2019 年度及多年累积冲淤量分布

单位：亿立方米

库　段	时　段 1960 年 5 月至 2018 年 10 月	2018 年 10 月至 2019 年 10 月	1960 年 5 月至 2019 年 10 月
黄淤 1—黄淤 41	+27.474	−0.117	+27.357
黄淤 41—黄淤 68	+22.212	−0.392	+21.820
渭拦 4—渭淤 37	+10.908	−0.194	+10.714
洛淤 1—洛淤 21	+2.968	0.003	+2.965
合　计	+63.562	−0.706	+62.856

注　1. "+"表示淤积，"−"表示冲刷。
　　2. 黄淤 41 断面即潼关断面，位于黄河、渭河交汇点下游，也是黄河由北向南转而东流之处；黄淤 1—黄淤 41 即三门峡—潼关河段，黄淤 41—黄淤 68 即小北干流河段；渭河冲淤断面自下而上分渭拦 11、渭拦 12、渭拦 1—渭拦 10 和渭淤 1—渭淤 37 两段布设，渭河冲淤计算从渭拦 4 开始；北洛河自下而上依次为洛淤 1—洛淤 21。

2. 潼关高程

潼关高程是指潼关水文站流量为 1000 立方米 / 秒时潼关（六）断面的相应水位（大沽高程）。2019 年潼关高程汛前为 328.18 米，汛后为 328.08 米；与上年度同期相比，汛前和汛后分别升高 0.20 米和 0.05 米；与 2003 年汛前和 1969 年汛后历史同期最高高程相比，汛前和汛后分别下降 0.64 米和 0.57 米。

（二）小浪底水库

小浪底水库库区汇入支流较多，平面形态狭长弯曲，总体上是上窄下宽。距坝 65 公里以上为峡谷段，河谷宽度多在 500 米以下；距坝 65 公里以下宽窄相间，河谷宽度多在 1000 米以上，最宽处约 2800 米。

2019 年小浪底水库日平均水位（桐树岭站）1—2 月维持在 266～270 米之间，3 月开始缓慢下降，7 月 1 日降至汛限水位 235 米以下，7 月 19 日至 8 月 3 日一直维持在 215 米以下，8 月下旬开始逐渐抬高，11 月 4 日升至 250 米以上。

1. 水库冲淤量

2018 年 10 月至 2019 年 10 月，小浪底水库库区冲刷量为 1.962 亿立方米，其中干流冲刷量为 1.906 亿立方米，除黄河 3 断面至黄河 4 断面、黄河 6 断面至黄河 8 断面、黄河 53 断面至黄河 56 断面外，其他干流断面均表现为冲刷；支流冲刷量为 0.056 亿立方米，淤积主要发生在大峪河，冲刷主要发生在畛水。自 1997 年 10 月小浪底水库截流以来，泥沙淤积主要发生在黄河 38 断面以下的干、支流库段，其淤积量占库区淤积总量的 95%。小浪底水库库区 2019 年度及多年累积冲淤量分布见表 2-6。

表 2-6　小浪底水库库区 2019 年度及多年累积冲淤量分布　　单位：亿立方米

时　段 库　段	1997 年 10 月至 2018 年 10 月	2018 年 10 月至 2019 年 10 月			1997 年 10 月至 2019 年 10 月	
		干　流	支　流	合　计	总　计	淤积量占比 （%）
大坝—黄河 20	+20.872	-0.306	-0.002	-0.308	+20.564	62
黄河 20—黄河 38	+12.162	-1.212	-0.054	-1.266	+10.896	33
黄河 38—黄河 56	+1.894	-0.388	0.000	-0.388	+1.506	5
合　计	+34.928	-1.906	-0.056	-1.962	+32.966	100

注　"+"表示淤积，"-"表示冲刷。

2. 水库库容变化

2019 年 10 月小浪底水库实测 275 米高程以下库容为 94.619 亿立方米，较 2018 年 10 月库容增大 1.962 亿立方米。小浪底水库库容曲线见图 2-6。

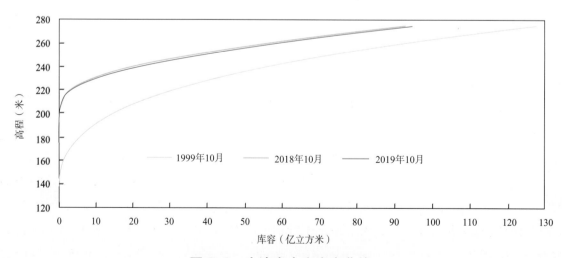

图 2-6　小浪底水库库容曲线

3. 水库纵剖面和典型断面冲淤变化

小浪底水库深泓纵剖面的变化情况见图2-7。2019年10月小浪底水库库区河床淤积三角洲顶点位于黄河6断面（距坝7.74公里，深泓点高程为212.66米），没有发生明显位移；库区河床深泓点除黄河4断面、黄河5断面、黄河52断面、黄河54断面有小幅抬升外，其他断面均降低，库区河床深泓点最大刷深10.10米（黄河36断面，距坝60.13公里）。

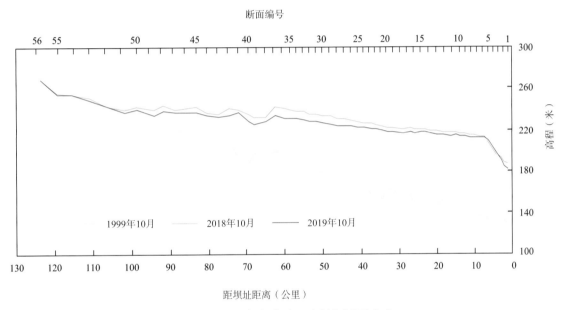

图 2-7　小浪底水库深泓纵剖面变化

根据2019年小浪底水库纵剖面和平面宽度的变化特点，选择黄河5、黄河23、黄河39和黄河47等4个典型断面说明库区冲淤变化情况，见图2-8。与2018年10月相比，2019年10月黄河5断面左侧略有淤积，右侧冲刷，黄河23断面、黄河39断面和黄河47断面冲刷较多。

4. 库区典型支流入汇河段淤积

以大峪河和畛水作为小浪底水库库区典型支流。大峪河在大坝上游4.2公里的黄河左岸汇入黄河；畛水在大坝上游17.2公里的黄河右岸汇入黄河，是小浪底库区最大的一条支流。从图2-9可以看出，随着干流河底的不断淤积，大峪河1断面1999年10月至2019年10月已淤积抬高53.83米，2018年10月至2019年10月大峪河口发生淤积，1断面深泓点抬升2.40米；畛水1断面1999年10月至2019年10月已淤积抬高62.9米，2018年10月至2019年10月畛水河口发生冲刷，1断面深泓点比2018年10月降低3.5米。

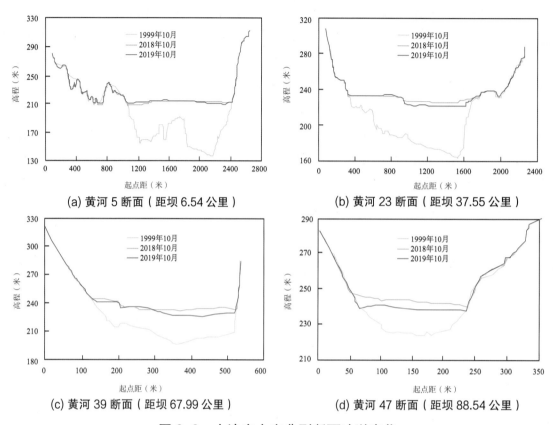

(a) 黄河 5 断面（距坝 6.54 公里）

(b) 黄河 23 断面（距坝 37.55 公里）

(c) 黄河 39 断面（距坝 67.99 公里）

(d) 黄河 47 断面（距坝 88.54 公里）

图 2-8　小浪底水库典型断面冲淤变化

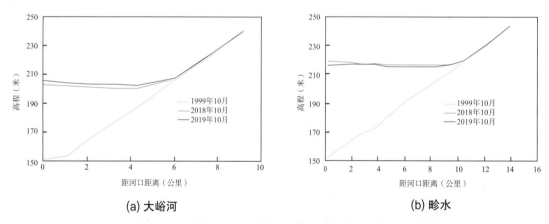

(a) 大峪河

(b) 畛水

图 2-9　小浪底库区典型支流入汇段深泓纵剖面变化

五、重要泥沙事件

（一）小浪底水库汛期排沙效果显著

　　2019 年小浪底水库低水位泄洪排沙运用具有水位低、排沙历时长、出库含沙量高、排沙量大的特点。水库库水位（桐树岭站）230米以下排沙运用约43天（7月6日至8月16日），其中库水位210米左右（209～213米）运用约12天；7月26日23时库水位降至209.00米（相应入库流量为2660立方米/秒），为2003年以来最低水位；7月15日18时，出库含沙量达到本次最大含沙量259千克/立方米。

按照输沙率法计算，2019年6—10月，小浪底水库入库沙量为2.80亿吨，出库沙量为5.45亿吨，库区冲刷量为2.65亿吨，排沙比为195%。出库沙量和库区冲刷量均为水库运用以来汛期最大值。其中，6月28日至7月30日水库集中排沙期间排沙效果显著，入库沙量为1.15亿吨，出库沙量为4.15亿吨，排沙比为361%，为小浪底水库历次排沙运用排沙比最大的一次。

（二）万家寨水库和龙口水库汛期开展联合冲沙调度

按照输沙率法计算，2019年汛期（7—10月），万家寨水库入库泥沙量为1.04亿吨，出库泥沙量为1.20亿吨，泥沙冲刷量为0.16亿吨；龙口水库入库泥沙量为1.20亿吨，出库泥沙量为1.22亿吨，泥沙冲刷量为0.02亿吨。万家寨水库和龙口水库于8月25日至9月1日开展了联合冲沙调度运行，万家寨水库入库泥沙量为0.07亿吨，出库泥沙量为0.84亿吨，龙口水库出库泥沙量为1.05亿吨，万家寨库区泥沙冲刷量为0.77亿吨，龙口库区泥沙冲刷量为0.21亿吨。

小浪底调水调沙

沂河刘家道口闸（孟宪玉　摄）

第三章　淮河

一、概述

2019 年淮河流域主要水文控制站实测径流量与多年平均值比较，各站偏小 11%～83%；与近 10 年平均值比较，沂河临沂站偏大 51%，其他站偏小 62%～70%；与上年度比较，临沂站增大 47%，其他站减小 74%～81%。

2019 年淮河流域主要水文控制站实测输沙量与多年平均值比较，各站偏小 27%～100%；与近 10 年平均值比较，临沂站偏大 362%，其他站偏小 86%～99%；与上年度比较，临沂站增大 1071%，其他站减小 90%～96%。

2019 年淮河干流鲁台子水文站断面主河槽略有冲刷，干流蚌埠水文站断面主河槽略有淤积，沂河临沂水文站断面右岸略有冲刷。

二、径流量与输沙量

（一）2019 年实测水沙特征值

2019 年淮河流域主要水文控制站实测水沙特征值与多年平均值、近 10 年平均值及 2018 年值的比较见表 3-1 和图 3-1。

与多年平均值比较，2019 年淮河干流息县、鲁台子和蚌埠各站实测径流量分别偏小 79%、71% 和 72%，颍河阜阳站和沂河临沂站分别偏小 83% 和 11%；与近 10 年平均值比较，2019 年息县、鲁台子、蚌埠和阜阳各站径流量分别偏小 68%、62%、65% 和 70%，临沂站偏大 51%；与上年度比较，2019 年息县、鲁台子、蚌埠和阜阳各站径流量分别减小 74%、74%、76% 和 81%，临沂站增大 47%。

与多年平均值比较，2019 年息县、鲁台子、蚌埠和临沂各站输沙量分别偏小 99%、97%、96% 和 27%，阜阳站偏小近 100%；与近 10 年平均值比较，2019 年息

表 3-1 淮河流域主要水文控制站实测水沙特征值对比表

河 流		淮 河	淮 河	淮 河	颍 河	沂 河
水文控制站		息 县	鲁台子	蚌 埠	阜 阳	临 沂
控制流域面积（万平方公里）		1.02	8.86	12.13	3.52	1.03
年径流量 （亿立方米）	多年平均	36.15 (1951—2015年)	213.4 (1950—2015年)	260.4 (1950—2015年)	44.37 (1951—2015年)	20.54 (1951—2015年)
	近10年平均	24.19	164.0	206.6	25.61	12.04
	2018年	30.23	233.1	300.4	38.83	12.36
	2019年	7.732	61.73	71.87	7.559	18.19
年输沙量 （万吨）	多年平均	201 (1959—2015年)	764 (1950—2015年)	841 (1950—2015年)	265 (1951—2015年)	198 (1954—2015年)
	近10年平均	63.0	184	274	34.3	31.2
	2018年	36.8	211	361	11.3	12.3
	2019年	2.47	19.6	37.0	0.472	144
年平均含沙量 （千克/立方米）	多年平均	0.556 (1959—2015年)	0.370 (1950—2015年)	0.332 (1950—2015年)	0.635 (1951—2015年)	0.990 (1954—2015年)
	2018年	0.122	0.091	0.121	0.029	0.099
	2019年	0.032	0.032	0.051	0.006	0.792
输沙模数 [吨/(年·平方公里)]	多年平均	197 (1959—2015年)	86.2 (1950—2015年)	69.3 (1950—2015年)	75.2 (1951—2015年)	192 (1954—2015年)
	2018年	36.1	23.8	29.8	3.21	11.9
	2019年	2.42	2.21	3.10	0.134	140

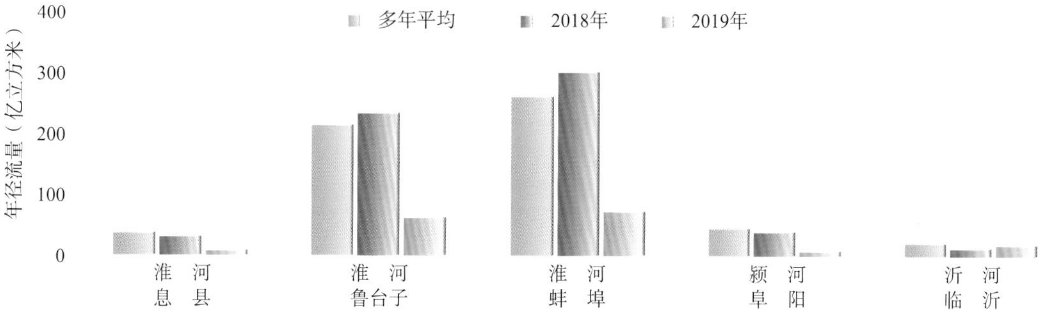

(a) 实测年径流量

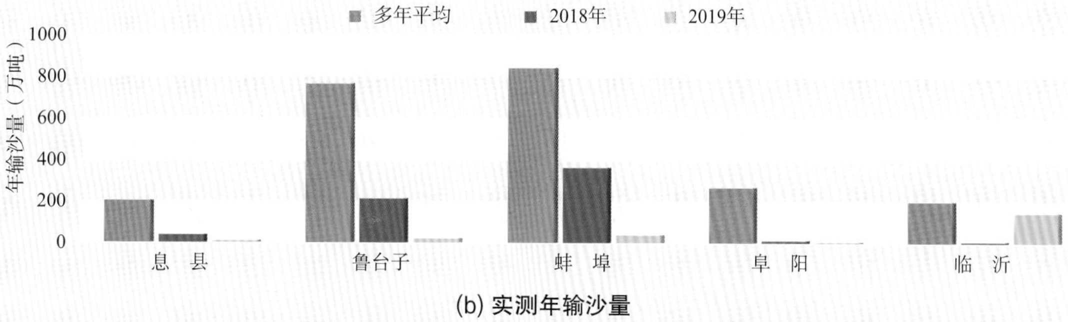

(b) 实测年输沙量

图 3-1 淮河流域主要水文控制站实测水沙特征值对比

县、鲁台子、蚌埠和阜阳各站输沙量分别偏小 96%、89%、86% 和 99%，临沂站偏大 362%；与上年度比较，2019 年息县、鲁台子、蚌埠和阜阳各站输沙量分别减小 93%、91%、90% 和 96%，临沂站增大 1071%。

（二）径流量与输沙量年内变化

2019 年淮河流域主要水文控制站逐月径流量与输沙量的变化见图 3-2。2019 年息县、鲁台子和蚌埠各站径流量和输沙量集中在 1—6 月，分别占全年的 69% ~ 87% 和 85% ~ 100%。阜阳站径流量主要集中在 1—5 月和 8 月，占全年的 86%；输沙量集中在 5—8 月，占全年的 93%。临沂站径流量和输沙量皆集中在 8 月，分别占全年的 80% 和 100%。

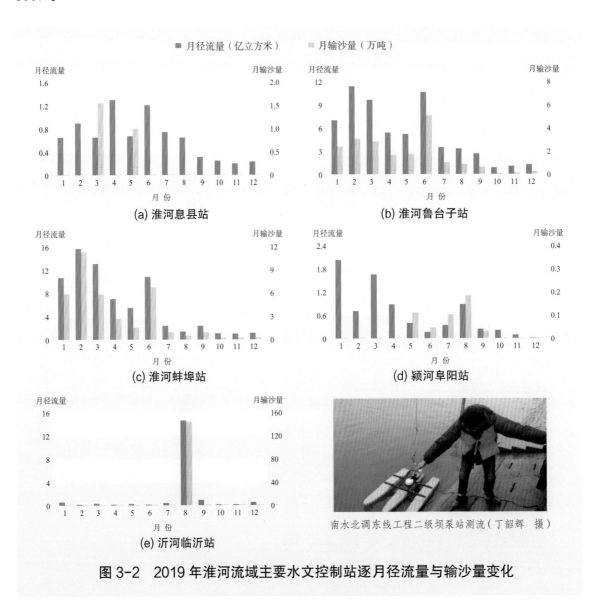

图 3-2　2019 年淮河流域主要水文控制站逐月径流量与输沙量变化

三、典型断面冲淤变化

（一）鲁台子水文站断面

淮河干流鲁台子水文站断面冲淤变化见图3-3（鲁台子站冻结基面以上米数-0.152米＝黄海基面以上米数），在2000年退堤整治后断面右边岸滩大幅拓宽。与2018年相比，2019年断面主河槽略有冲刷，其中距左岸100～240米和300～350米处河槽冲刷较明显。

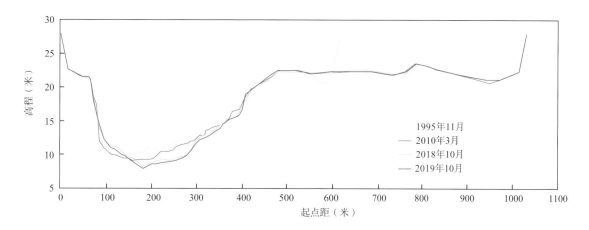

图3-3　鲁台子水文站断面冲淤变化

（二）蚌埠水文站断面

淮河干流蚌埠水文站断面冲淤变化见图3-4（蚌埠站冻结基面以上米数-0.134米＝黄海基面以上米数）。与2018年相比，2019年断面主河槽略有淤积。

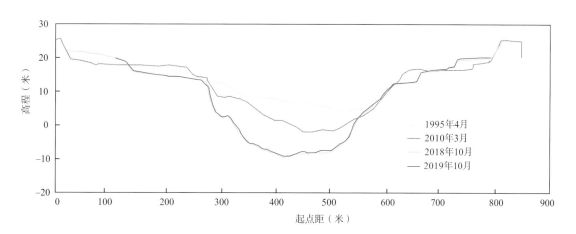

图3-4　蚌埠水文站断面冲淤变化

（三）临沂水文站断面

沂河临沂水文站断面冲淤变化见图 3-5（临沂站冻结基面以上米数−0.757 米 =85 基面以上米数）。临沂站断面从 2003 年 10 月至 2019 年 10 月河槽形态变化不大，但河槽高程有较大的起伏，近期变化有所减小，右岸有所后退；与 2018 年相比，2019 年河槽右侧略有冲刷，局部河槽下切约 0.7 米。

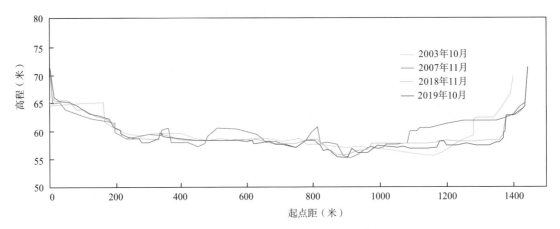

图 3-5 临沂水文站断面冲淤变化

漳河上游浊漳河与清漳河汇合口（林超 摄）

第四章 海河

一、概述

2019 年海河流域漳河观台站实测径流量及输沙量均为 0，其他主要水文控制站实测水沙特征值与多年平均值比较，各站年径流量偏小 35% ~ 93%；各站年输沙量均偏小近 100%。与近 10 年平均值比较，2019 年桑干河石匣里站和永定河雁翅站径流量分别偏大 175% 和 170%，其他站偏小 17% ~ 64%；潮河下会、白河张家坟和海河海河闸各站年输沙量均偏小近 100%，石匣里、雁翅和卫河元村集各站偏小 37% ~ 91%，洋河响水堡站近 10 年输沙量均近似为 0。与上年度比较，2019 年石匣里、响水堡、雁翅和海河闸各站径流量增大 10% ~ 142%，其他站减小 53% ~ 66%；下会站和张家坟站年输沙量均减小近 100%，石匣里、雁翅和元村集各站减小 39% ~ 89%，响水堡站和海河闸站 2018 年和 2019 年实测输沙量均近似为 0。

2019 年河北省实施引黄入冀调水，入冀水量为 10.40 亿立方米，入冀泥沙量为 13.9 万吨。

二、径流量与输沙量

（一）2019 年实测水沙特征值

2019 年海河流域主要水文控制站实测水沙特征值与多年平均值、近 10 年平均值及 2018 年值的比较见表 4-1 和图 4-1。

与多年平均值比较，2019 年海河流域主要水文控制站实测径流量均偏小，桑干河石匣里、洋河响水堡、永定河雁翅、潮河下会、白河张家坟、海河海河闸和卫河元村集各站实测径流量分别偏小 35%、93%、45%、71%、79%、53% 和 84%；与近 10 年平均值比较，2019 年石匣里站和雁翅站分别偏大 175% 和 170%，响水堡、下会、张家坟、海河闸和元村集各站分别偏小 26%、36%、49%、17% 和 64%；与上年度比较，2019 年石匣里、响水堡、雁翅和海河闸各站分别增大 75%、21%、142% 和 10%，下会、张家坟和元村集各站分别减小 62%、53% 和 66%。

与多年平均值比较，2019 年海河流域主要水文控制站年输沙量均偏小近 100%；与近 10 年平均值比较，2019 年下会、张家坟和海河闸各站均偏小近 100%，石匣里、雁翅和元村集各站分别偏小 63%、37% 和 91%，响水堡站近 10 年输沙量均近似为 0；与上年度比较，2019 年下会站和张家坟站均减小近 100%，石匣里、雁翅和元村集各站分别减小 68%、39% 和 89%，响水堡站和海河闸站 2018 年和 2019 年实测输沙量均近似为 0。

表 4-1 海河流域主要水文控制站实测水沙特征值对比表

河 流		桑干河	洋 河	永定河	潮 河	白 河	海 河	漳 河	卫 河
水文控制站		石匣里	响水堡	雁 翅	下 会	张家坟	海河闸	观 台	元村集
控制流域面积 (万平方公里)		2.36	1.45	4.37	0.53	0.85		1.78	1.43
年径流量 (亿立方米)	多年平均	4.198 (1952—2015 年)	3.143 (1952—2015 年)	5.521 (1963—2015 年)	2.393 (1961—2015 年)	4.868 (1954—2015 年)	7.921 (1960—2015 年)	8.592 (1951—2015 年)	14.98 (1951—2015 年)
	近 10 年平均	1.001	0.3035	1.133	1.086	2.043	4.552	2.654	6.815
	2018 年	1.568	0.1860	1.265	1.849	2.219	3.428	0.9636	7.331
	2019 年	2.749	0.2259	3.059	0.6938	1.036	3.757	0.000	2.463
年输沙量 (万吨)	多年平均	837 (1952—2015 年)	573 (1952—2015 年)	11.0 (1963—2015 年)	73.9 (1961—2015 年)	117 (1954—2015 年)	6.62 (1960—2015 年)	728 (1951—2015 年)	213 (1951—2015 年)
	近 10 年平均	2.88	0.000	0.065	0.697	1.43	0.046	45.0	8.06
	2018 年	3.35	0.000	0.067	6.43	4.66	0.000	0.000	6.32
	2019 年	1.07	0.000	0.041	0.000	0.000	0.000	0.000	0.712
年平均含沙量 (千克/立方米)	多年平均	20.0 (1952—2015 年)	18.3 (1952—2015 年)	0.199 (1963—2015 年)	3.09 (1961—2015 年)	2.39 (1954—2015 年)	0.084 (1960—2015 年)	8.47 (1951—2015 年)	1.42 (1951—2015 年)
	近 10 年平均	0.288	0.000	0.006	0.064	0.070	0.001	1.70	0.118
	2018 年	0.213	0.000	0.005	0.348	0.210	0.000	0.000	0.086
	2019 年	0.039	0.000	0.001	0.000	0.000	0.000	0.000	0.029
年平均中数粒径 (毫米)	多年平均	0.028 (1961—2015 年)	0.029 (1962—2015 年)					0.027 (1965—2015 年)	
	2018 年	0.015							
	2019 年	0.010							
输沙模数 [吨/(年·平方公里)]	多年平均	355 (1952—2015 年)	395 (1952—2015 年)	2.51 (1963—2015 年)	139 (1961—2015 年)	137 (1954—2015 年)		409 (1951—2015 年)	149 (1951—2015 年)
	2018 年	1.42	0.000	0.015	12.1	5.48		0.000	4.42
	2019 年	0.453	0.000	0.009	0.000	0.000		0.000	0.498

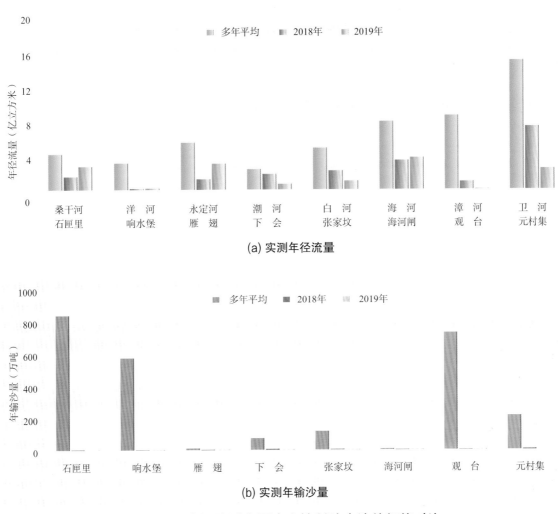

(a) 实测年径流量

(b) 实测年输沙量

图 4-1　海河流域主要水文控制站水沙特征值对比

（二）径流量与输沙量年内变化

2019 年海河流域主要水文控制站逐月径流量与输沙量的变化见图 4-2。由于上游水库向下游供水、调水等人类活动的影响，2019 年石匣里站和响水堡站径流量主要集中在汛前 3—5 月和汛后 10—12 月，分别占全年的 77% 和 58%；石匣里站输沙量集中在主汛期 7—8 月，响水堡站受上游水库拦沙影响年输沙量近似为 0。受上游下马岭水电站影响，雁翅站径流量主要集中在 3—6 月，占全年的 60%；仅 9 月有少量输沙。下会站径流量主要集中在 8—12 月，占全年的 61%；张家坟站受上游白河堡水库下泄水流影响，年内径流量分布比较均匀；海河闸站径流量主要集中在 3 月和 7—9 月，占全年的 60%；下会、张家坟和海河闸各站年输沙量近似为 0。受灌区引黄退水的影响，元村集站径流量主要集中在 1—2 月，占全年的 50%；输沙量集中在 4—6 月和 8—9 月。观台站全年各月径流量和输沙量均为 0。

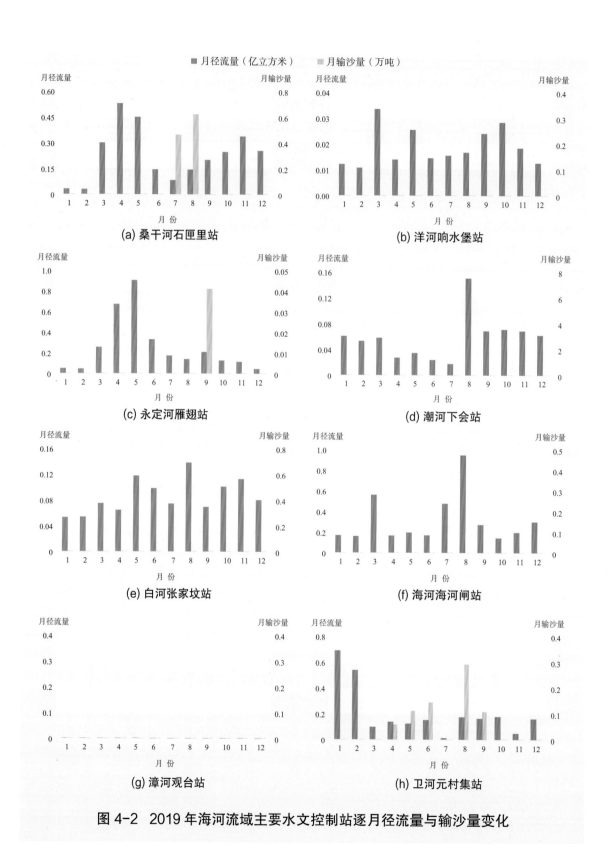

图4-2　2019年海河流域主要水文控制站逐月径流量与输沙量变化

（三）引黄入冀调水

　　2019 年河北省实施引黄入冀补水，引黄入冀总水量为 10.40 亿立方米，挟带泥沙总量为 13.9 万吨。其中，2019 年 1—3 月和 9—12 月两次通过引黄入冀渠村线路向沿线农业供水及白洋淀生态补水，入冀水量为 5.524 亿立方米，入冀泥沙量为 0；6 月通过引黄入冀李家岸线路，向沧州市东部农业补水，入冀水量为 0.1148 亿立方米，入冀泥沙量为 0；1—2 月、5—7 月和 11—12 月三次通过引黄入冀位山线路实施衡水湖及邢台市、衡水市、沧州市农业补水，入冀水量为 4.124 亿立方米，挟带泥沙量为 13.4 万吨；12 月通过引黄入冀潘庄线路向沧州市南部农业和生态补水，入冀水量为 0.6375 亿立方米，挟带泥沙量为 0.454 万吨。

穿卫枢纽断面引黄测流

珠江（池光腾 摄）

第五章 珠江

一、概述

2019 年珠江流域主要水文控制站实测水沙特征值与多年平均值比较，南盘江小龙潭站年径流量偏小 47%，红水河迁江站基本持平，其他站偏大 8%～29%；柳江柳州站年输沙量偏大 80%，其他站偏小 9%～95%。与近 10 年平均值比较，2019 年小龙潭站径流量偏小 21%，其他站偏大 6%～24%；小龙潭站年输沙量偏小 37%，郁江南宁站和北江石角站基本持平，其他站偏大 9%～65%。与上年度比较，2019 年小龙潭站径流量减小 42%，迁江站和南宁站基本持平，其他站增大 14%～99%；小龙潭站和南宁站年输沙量分别减小 34% 和 23%，其他站增大 97%～312%。

西江高要水文站断面 1990 年以来总体表现为冲刷下切回淤的过程，2019 年度河槽总体表现为冲刷下切状态；北江石角水文站断面 2000 年以来总体表现为冲刷下切过程，2019 年度河床略有冲刷。

重要泥沙事件包括 2019 年珠江片局部地区发生地质灾害，西江大藤峡水利枢纽工程成功实现大江截流。

二、径流量与输沙量

（一）2019 年实测水沙特征值

2019 年珠江流域主要水文控制站实测水沙特征值与多年平均值、近 10 年平均值及 2018 年值的比较见表 5-1 和图 5-1。

2019 年珠江流域主要水文控制站实测径流量与多年平均值比较，南盘江小龙潭站偏小 47%，红水河迁江站基本持平，柳江柳州、郁江南宁、浔江大湟江口、西江梧州、西江高要、北江石角和东江博罗各站分别偏大 13%、8%、8%、12%、10%、29% 和 17%；与近 10 年平均值比较，小龙潭站偏小 21%，迁江、柳州、南宁、大湟江口、梧州、高要、石角和博罗各站分别偏大 6%、10%、12%、9%、12%、10%、24% 和 18%；与上年度比较，小龙潭站减小 42%，迁江站和南宁站基本持平，柳州、大湟江口、梧州、高要、石角和博罗各站分别增大 45%、14%、22%、20%、99% 和 48%。

表 5-1 珠江流域主要水文控制站实测水沙特征值对比表

河　　流	南盘江	红水河	柳　江	郁　江	浔　江	西　江	西　江	北　江	东　江
水文控制站	小龙潭	迁　江	柳　州	南　宁	大湟江口	梧　州	高　要	石　角	博　罗
控制流域面积（万平方公里）	1.54	12.89	4.54	7.27	28.85	32.70	35.15	3.84	2.53
年径流量（亿立方米）多年平均	35.95 (1953—2015年)	646.6 (1954—2015年)	393.3 (1954—2015年)	368.3 (1954—2015年)	1696 (1954—2015年)	2016 (1954—2015年)	2173 (1957—2015年)	417.1 (1954—2015年)	231.0 (1954—2015年)
年径流量（亿立方米）近10年平均	24.05	582.2	404.1	356.2	1684	2011	2188	432.4	229.8
年径流量（亿立方米）2018年	32.88	634.4	307.3	419.7	1608	1851	1995	270.5	182.5
年径流量（亿立方米）2019年	19.04	614.5	445.1	398.9	1840	2252	2397	537.1	270.6
年输沙量（万吨）多年平均	448 (1964—2015年)	3530 (1954—2015年)	496 (1955—2015年)	815 (1954—2015年)	5010 (1954—2015年)	5570 (1954—2015年)	5960 (1957—2015年)	538 (1954—2015年)	226 (1954—2015年)
年输沙量（万吨）近10年平均	204	102	772	274	1410	1410	1720	496	97.1
年输沙量（万吨）2018年	194	39.6	276	338	672	606	805	125	81.2
年输沙量（万吨）2019年	128	163	894	259	1540	1800	2460	488	160
年平均含沙量（千克/立方米）多年平均	1.20 (1964—2015年)	0.547 (1954—2015年)	0.126 (1955—2015年)	0.221 (1954—2015年)	0.295 (1954—2015年)	0.276 (1954—2015年)	0.268 (1957—2015年)	0.125 (1954—2015年)	0.094 (1954—2015年)
年平均含沙量（千克/立方米）2018年	0.590	0.006	0.090	0.081	0.042	0.033	0.040	0.046	0.044
年平均含沙量（千克/立方米）2019年	0.673	0.027	0.201	0.065	0.084	0.080	0.102	0.091	0.059
输沙模数[吨/(年·平方公里)]多年平均	291 (1964—2015年)	274 (1954—2015年)	109 (1955—2015年)	112 (1954—2015年)	174 (1954—2015年)	170 (1954—2015年)	170 (1957—2015年)	140 (1954—2015年)	89.4 (1954—2015年)
输沙模数[吨/(年·平方公里)]2018年	126	3.07	60.8	46.5	23.3	18.5	22.9	32.6	32.1
输沙模数[吨/(年·平方公里)]2019年	83.3	12.6	197	35.6	53.4	55.0	70.0	127	63.2

2019 年珠江流域主要水文控制站实测输沙量与多年平均值比较，柳州站偏大 80%，小龙潭、迁江、南宁、大湟江口、梧州、高要、石角和博罗各站分别偏小

71%、95%、68%、69%、68%、59%、9% 和 29%；与近 10 年平均值比较，迁江、柳州、大湟江口、梧州、高要和博罗各站分别偏大 60%、16%、9%、28%、43% 和 65%，南宁站和石角站基本持平，小龙潭站偏小 37%；与上年度比较，迁江、柳州、大湟江口、梧州、高要、石角和博罗各站分别增大 312%、224%、129%、194%、206%、290% 和 97%，小龙潭站和南宁站分别减小 34% 和 23%。

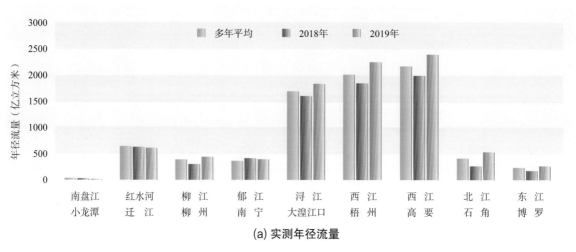

(a) 实测年径流量

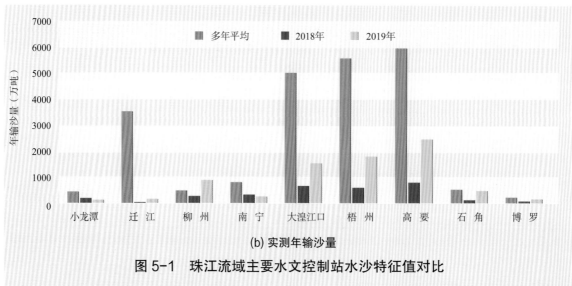

(b) 实测年输沙量

图 5-1　珠江流域主要水文控制站水沙特征值对比

（二）径流量与输沙量年内变化

2019 年珠江流域主要水文控制站逐月径流量与输沙量的变化见图 5-2。珠江流域主要水文控制站径流量与输沙量时空分布不匀，迁江、柳州、大湟江口、梧州、高要、石角和博罗各站径流量和输沙量主要集中在 3—8 月，分别占全年的 67%～84% 和 94%～99%；小龙潭站径流量和输沙量主要集中在 6—11 月，分别占全年的 65% 和

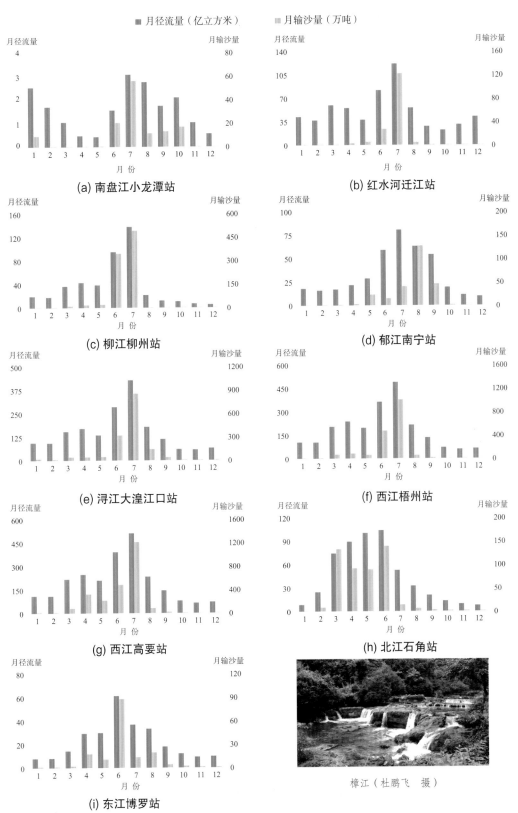

图 5-2　2019 年珠江流域主要水文控制站逐月径流量与输沙量变化

92%；南宁站径流量和输沙量主要集中在4—9月，分别占全年的77%和98%。

三、典型断面冲淤变化

（一）西江高要水文站断面

高要水文站为西江下游控制站，控制流域面积为35.15万平方公里，距河口约44公里。高要水文站断面的冲淤变化见图5-3。

高要水文站断面河床1990—2014年逐年冲刷下切，2014年之后出现回淤。与2018年相比，2019年河床中部总体表现为下切，右侧略有淤积。

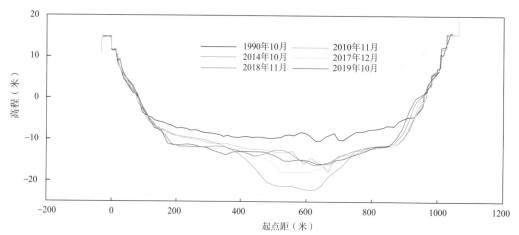

图5-3　高要水文站断面冲淤变化

（二）北江石角水文站断面

石角水文站为北江下游控制站，控制流域面积为3.84万平方公里，距河口约52公里。石角水文站断面的冲淤变化见图5-4。

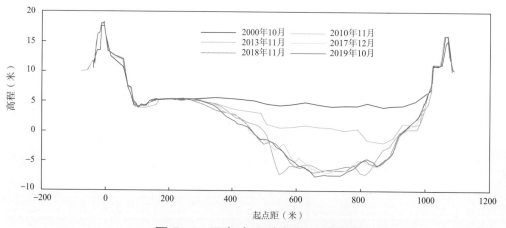

图5-4　石角水文站断面冲淤变化

石角水文站断面自 2000 年起至 2013 年，河床逐年冲刷下切；2013 年后，河床略有淤积。与 2018 年相比，2019 年河床在起点距 375～450 米、650～790 米处冲刷下切。

四、重要泥沙事件

（一）局部地区发生地质灾害

2019 年珠江片局部地区受台风、强对流等灾害性天气影响，多次发生短历时、高强度降雨，引发崩塌、滑坡、泥石流等地质灾害，致使河道输沙量增加，局部河段河床形态改变。如 6 月中旬，广东省河源市发生暴雨洪涝灾害；6 月 18 日，广西壮族自治区凌云县发生特大山洪灾害，冲毁国道；7 月 23 日，贵州省水城县发生一起山体滑坡，滑坡体量大约 200 万立方米。

贵州省水城县山体滑坡（潘维文　摄）

（二）大藤峡水利枢纽实现大江截流

大藤峡水利枢纽位于珠江流域西江中游广西桂平市大藤峡峡谷出口处，坝址以上控制流域面积为 19.86 万平方公里，约占西江流域面积的 56.4%。大藤峡水利枢纽以防洪、航运、发电、补水压咸（水资源配置）为主，兼顾灌溉、水生态治理等综合利用。工程建成后水库正常蓄水位 61.0 米，汛限水位 47.6 米，水库总库容为 34.3 亿立方米，其中防洪库容为 15 亿立方米；电站装机容量为 160 万千瓦；船闸规模按二级航道标准通航 3000 吨级船舶确定。

2019 年 10 月 26 日，大藤峡水利枢纽工程成功实现大江截流，标志着大藤峡工程二期建设正式启动，工程截流和水库蓄水运用将拦截上游来沙量，改变进入下游河段的径流过程，减少进入下游河道的输沙量。

大藤峡水利枢纽大江截流（吴昱驹　摄）

松花江上游河道（吴英志 摄）

第六章　松花江与辽河

一、概述

（一）松花江

2019年松花江流域主要水文控制站实测径流量与多年平均值比较，第二松花江扶余站偏小9%，其他站偏大16%～55%；与近10年平均值比较，扶余站偏小18%，其他站偏大19%～49%；与上年度比较，扶余站基本持平，其他站增大23%～38%。

2019年松花江流域主要水文控制站实测输沙量与多年平均值比较，扶余站和干流哈尔滨站偏小76%和18%，其他站偏大46%～176%；与近10年平均值比较，扶余站偏小62%，其他站偏大14%～52%；与上年度比较，扶余站减小20%，其他站增大55%～178%。

2019年度嫩江江桥水文站断面河槽中部略有冲刷下切，其他位置无明显冲淤变化。

（二）辽河

2019年辽河流域主要水文控制站实测径流量与多年平均值比较，干流六间房站偏大7%，其他站偏小12%～93%；与近10年平均值比较，老哈河兴隆坡站偏小41%，柳河新民站偏大22%，其他站基本持平；与上年度比较，兴隆坡站和西拉木伦河巴林桥站分别减小31%和13%，其他站增大105%～232%。

2019年辽河流域主要水文控制站实测输沙量与多年平均值比较，各站偏小52%～100%；与近10年平均值比较，干流铁岭站偏大28%，六间房站基本持平，其他站偏小14%～97%；与上年度比较，兴隆坡站和巴林桥站分别减小95%和54%，其他站增大167%～565%。

2019年度辽河干流六间房水文站断面主槽基本稳定，无明显冲淤变化。

二、径流量与输沙量

（一）松花江

1. 2019 年实测水沙特征值

2019 年松花江流域主要水文控制站实测水沙特征值与多年平均值、近 10 年平均值及 2018 年值的比较见表 6-1 和图 6-1。

表 6-1 松花江流域主要水文控制站实测水沙特征值对比表

河　　流	嫩　江	嫩　江	第二松花江	松花江干流	松花江干流
水文控制站	江　桥	大　赉	扶　余	哈尔滨	佳木斯
控制流域面积（万平方公里）	16.26	22.17	7.18	38.98	52.83
年径流量 （亿立方米）　多年平均	205.6 (1955—2015 年)	208.4 (1955—2015 年)	147.7 (1955—2015 年)	407.4 (1955—2015 年)	634.0 (1955—2015 年)
近 10 年平均	205.0	195.9	164.7	394.6	661.7
2018 年	219.7	205.7	139.6	382.1	716.3
2019 年	288.0	274.2	134.4	470.8	985.6
年输沙量 （万吨）　多年平均	218 (1955—2015 年)	170 (1955—2015 年)	198 (1955—2015 年)	590 (1955—2015 年)	1250 (1955—2015 年)
近 10 年平均	345	314	125	331	1190
2018 年	241	169	58.6	311	1160
2019 年	393	469	47.1	481	1820
年平均含沙量 （千克/立方米）　多年平均	0.106 (1955—2015 年)	0.081 (1955—2015 年)	0.134 (1955—2015 年)	0.145 (1955—2015 年)	0.197 (1955—2015 年)
2018 年	0.110	0.082	0.042	0.081	0.162
2019 年	0.136	0.171	0.035	0.102	0.185
输沙模数 [吨/(年·平方公里)]　多年平均	13.4 (1955—2015 年)	7.65 (1955—2015 年)	27.6 (1955—2015 年)	15.1 (1955—2015 年)	23.6 (1955—2015 年)
2018 年	14.8	7.62	8.16	7.98	22.0
2019 年	24.2	21.2	6.56	12.3	34.5

2019 年松花江流域主要水文控制站实测径流量与多年平均值比较，第二松花江扶余站偏小 9%，嫩江江桥、嫩江大赉、干流哈尔滨和干流佳木斯各站分别偏大 40%、32%、16% 和 55%；与近 10 年平均值比较，扶余站偏小 18%，江桥、大赉、哈尔滨和佳木斯各站分别偏大 40%、40%、19% 和 49%；与上年度比较，扶余站基本持平，江桥、大赉、哈尔滨和佳木斯各站分别增大 31%、33%、23% 和 38%。

2019 年松花江流域主要水文控制站实测输沙量与多年平均值比较，扶余站和哈尔滨站分别偏小 76% 和 18%，江桥、大赉和佳木斯各站分别偏大 80%、176% 和 46%；与近 10 年平均值比较，扶余站偏小 62%，江桥、大赉、哈尔滨和佳木斯各站分别偏大 14%、49%、45% 和 52%；与上年度比较，扶余站减小 20%，江桥、大赉、哈尔滨和佳木斯各站分别增大 63%、178%、55% 和 57%。

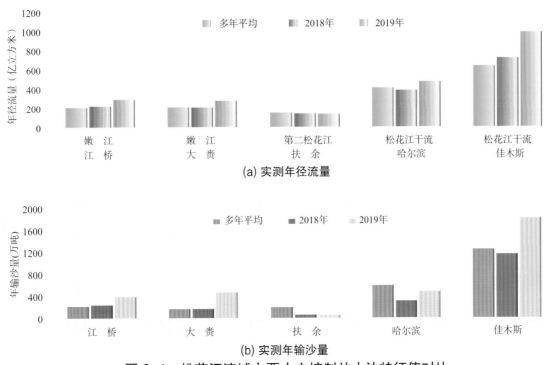

(a) 实测年径流量

(b) 实测年输沙量

图 6-1　松花江流域主要水文控制站水沙特征值对比

2. 径流量与输沙量年内变化

2019 年松花江流域主要水文控制站逐月径流量与输沙量的变化见图 6-2。2019 年松花江流域各站径流量和输沙量主要集中在 6—11 月，分别占全年的 64%～88% 和 89%～98%，其中扶余站径流量分布相对均匀。

（二）辽河

1. 2019 年实测水沙特征值

2019 年辽河流域主要水文控制站实测水沙特征值与多年平均值、近 10 年平均值及 2018 年值的比较见表 6-2 和图 6-3。

2019 年辽河流域主要水文控制站实测径流量与多年平均值比较，老哈河兴隆坡、西拉木伦河巴林桥、柳河新民和干流铁岭各站分别偏小 93%、24%、51% 和 12%，干流六间房站偏大 7%；与近 10 年平均值比较，兴隆坡站偏小 41%，巴林桥、铁岭和六间房各站基本持平，新民站偏大 22%；与上年度比较，兴隆坡站和巴林桥站分别减小 31% 和 13%，新民、铁岭和六间房各站分别增大 105%、137% 和 232%。

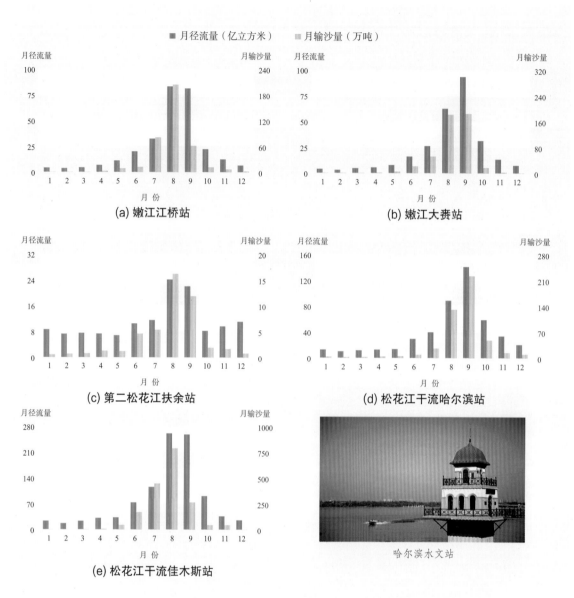

图 6-2　2019 年松花江流域主要水文控制站逐月径流量与输沙量变化

2019 年辽河流域主要水文控制站实测输沙量与多年平均值比较，兴隆坡、巴林桥、新民、铁岭和六间房各站分别偏小近 100%、78%、88%、85% 和 52%；与近 10 年平均值比较，兴隆坡、巴林桥和新民各站分别偏小 97%、53% 和 14%，六间房站基本持平，铁岭站偏大 28%；与上年度比较，兴隆坡站和巴林桥站分别减小 95% 和 54%，新民、铁岭和六间房各站分别增大 167%、351% 和 565%。

2. 径流量与输沙量年内变化

2019 年辽河流域主要水文控制站逐月径流量与输沙量的变化见图 6-4。2019 年辽河流

表 6-2 辽河流域主要水文控制站实测水沙特征值对比表

河 流	老哈河	西拉木伦河	柳 河	辽河干流	辽河干流
水文控制站	兴隆坡	巴林桥	新 民	铁 岭	六间房
控制流域面积（万平方公里）	1.91	1.12	0.56	12.08	13.65
年径流量（亿立方米） 多年平均	4.672 (1963—2015年)	3.211 (1994—2015年)	2.083 (1965—2015年)	29.21 (1954—2015年)	29.17 (1987—2015年)
年径流量（亿立方米） 近10年平均	0.5711	2.550	0.8391	25.28	29.54
年径流量（亿立方米） 2018年	0.4883	2.820	0.4987	10.88	9.373
年径流量（亿立方米） 2019年	0.3367	2.452	1.022	25.80	31.08
年输沙量（万吨） 多年平均	1260 (1963—2015年)	434 (1994—2015年)	356 (1965—2015年)	1070 (1954—2015年)	376 (1987—2015年)
年输沙量（万吨） 近10年平均	14.1	201	50.8	122	180
年输沙量（万吨） 2018年	7.78	205	16.3	34.6	26.9
年输沙量（万吨） 2019年	0.355	94.3	43.6	156	179
年平均含沙量（千克/立方米） 多年平均	27.0 (1963—2015年)	13.5 (1994—2015年)	17.1 (1965—2015年)	3.65 (1954—2015年)	1.29 (1987—2015年)
年平均含沙量（千克/立方米） 2018年	1.59	7.27	3.27	0.319	0.287
年平均含沙量（千克/立方米） 2019年	0.105	3.85	4.27	0.605	0.576
年平均中数粒径（毫米） 多年平均	0.024 (1982—2015年)	0.024 (1994—2015年)		0.030 (1962—2015年)	
年平均中数粒径（毫米） 2018年	0.020	0.020		0.022	
年平均中数粒径（毫米） 2019年	0.006	0.003		0.020	
输沙模数 [吨/(年·平方公里)] 多年平均	660 (1963—2015年)	388 (1994—2015年)	636 (1965—2015年)	88.2 (1954—2015年)	27.5 (1987—2015年)
输沙模数 [吨/(年·平方公里)] 2018年	4.07	183	29.1	2.86	1.97
输沙模数 [吨/(年·平方公里)] 2019年	0.19	84.2	77.9	12.9	13.1

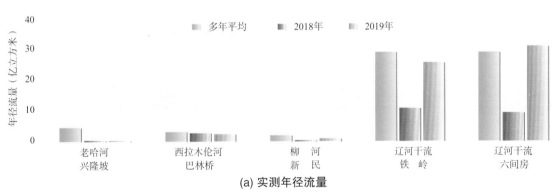

(a) 实测年径流量

(b) 实测年输沙量

图 6-3 辽河流域主要水文控制站水沙特征值对比

域各水文站径流量与输沙量年内分布差异较大,兴隆坡站径流量年内分布相对均匀,输沙量集中在5—8月,占全年100%;巴林桥站径流量和输沙量主要集中在4—9月,分别占全年的81%和92%;新民站径流量和输沙量主要集中在3月和5—9月,分别占全年的99%和近100%;铁岭站和六间房站径流量和输沙量主要集中在8—10月,铁岭站径流量和输沙量分别占全年的76%和95%,六间房站分别占全年的81%和91%。

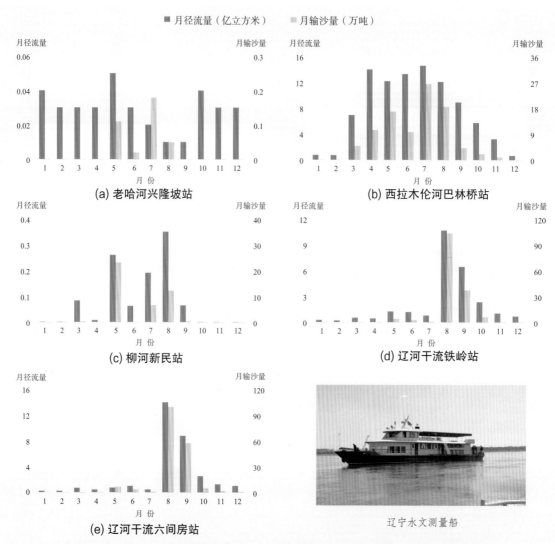

图 6-4 2019 年辽河流域主要水文控制站逐月径流量与输沙量变化

三、典型断面冲淤变化

(一)嫩江江桥水文站断面

嫩江江桥水文站断面河床冲淤变化见图 6-5(大连基面)。与 2018 年相比,2019

年江桥站主槽右侧起点距400～800米范围略有冲刷下切，断面其他位置无明显冲淤变化。

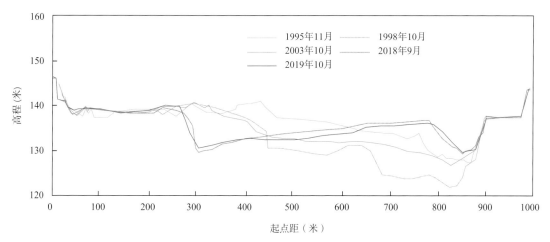

图 6-5　嫩江江桥水文站断面冲淤变化

（二）辽河干流六间房水文站断面

辽河干流六间房水文站断面冲淤变化见图 6-6。自 2003 年以来，六间房水文站断面形态总体比较稳定，滩地冲淤变化不明显；河槽有冲有淤，深泓略有变化，其中 2003—2009 年，主槽略有淤积，左岸发生冲刷，右岸发生淤积；2010 年以后，深泓主槽发生左移，河槽基本稳定。与 2018 年相比，2019 年六间房站断面主槽基本稳定，无明显冲淤变化。

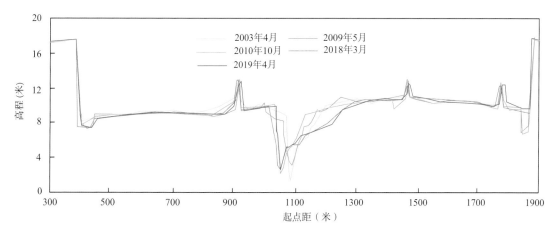

图 6-6　辽河干流六间房水文站断面冲淤变化

闽江竹岐河段（王秀亮　摄）

第七章　东南河流

一、概述

以钱塘江和闽江作为东南河流的代表性河流。

（一）钱塘江

2019 年钱塘江流域主要水文控制站实测径流量与多年平均值比较，各站偏大 15%～41%；与近 10 年平均值比较，各站偏大 12%～29%；与上年度比较，各站增大 71%～132%。

2019 年钱塘江流域主要水文控制站实测输沙量与多年平均值比较，衢江衢州站和兰江兰溪站分别偏大 20% 和 29%，其他站偏小 15%～41%；与近 10 年平均值比较，衢州站和曹娥江上虞东山站分别偏大 49% 和 19%，其他站偏小 5%～16%；与上年度比较，各站增大 296%～561%。

2019 年兰江兰溪水文站断面形态基本稳定，局部有明显冲淤变化。

（二）闽江

2019 年闽江流域主要水文控制站实测径流量与多年平均值比较，大樟溪永泰（清水壑）站偏小 17%，其他站偏大 32%～43%；与近 10 年平均值相比，永泰（清水壑）站偏小 9%，其他站偏大 19%～25%；与上年度比较，各站增大 24%～173%。

2019 年闽江流域主要水文控制站实测输沙量与多年平均值比较，闽江竹岐站基本持平，永泰（清水壑）站偏小 78%，其他站偏大 235%～256%；与近 10 年平均值相比，永泰（清水壑）站偏小 66%，其他站偏大 39%～209%；与上年度比较，各站增大 38%～3432%。

2019 年闽江竹岐水文站断面形态基本稳定，河槽左侧略有淤积。

二、径流量与输沙量

（一）钱塘江

1. 2019 年实测水沙特征值

2019 年钱塘江流域主要水文控制站实测水沙特征值与多年平均值、近 10 年平均值及 2018 年值的比较见表 7-1 和图 7-1。

表 7-1　钱塘江流域主要水文控制站实测水沙特征值对比表

河　　　流		衢　江	兰　江	曹娥江	浦阳江
水文控制站		衢　州	兰　溪	上虞东山	诸　暨
控制流域面积（万平方公里）		0.54	1.82	0.44	0.17
年径流量 （亿立方米）	多年平均	62.49 (1958—2015 年)	169.5 (1977—2015 年)	39.13 (2012—2015 年)	11.85 (1956—2015 年)
	近 10 年平均	69.49	204.4	34.65	14.04
	2018 年	46.92	121.3	19.32	7.688
	2019 年	80.18	239.8	44.86	15.77
年输沙量 （万吨）	多年平均	103 (1958—2015 年)	225 (1977—2015 年)	47.4 (2012—2015 年)	16.7 (1956—2015 年)
	近 10 年平均	83.3	345	33.9	10.4
	2018 年	21.0	70.7	6.11	2.50
	2019 年	124	290	40.4	9.90
年平均含沙量 （千克/立方米）	多年平均	0.165 (1958—2015 年)	0.133 (1977—2015 年)	0.121 (2012—2015 年)	0.141 (1956—2015 年)
	2018 年	0.045	0.058	0.032	0.032
	2019 年	0.155	0.121	0.090	0.063
输沙模数 [吨/(年·平方公里)]	多年平均	191 (1958—2015 年)	124 (1977—2015 年)	107 (2012—2015 年)	98.0 (1956—2015 年)
	2018 年	38.7	38.8	14.0	14.5
	2019 年	229	159	92.4	57.6

注　1. 上虞东山站近 10 年平均年径流量和平均年输沙量是 2012—2019 年的平均值。
　　2. 上虞东山站上游汤浦水库管网引水量和曹娥江引水工程引水量未参加径流量计算。

2019 年钱塘江流域主要水文控制站实测径流量与多年平均值比较，衢江衢州、兰江兰溪、曹娥江上虞东山和浦阳江诸暨各站分别偏大 28%、41%、15% 和 33%；与近 10 年平均值比较，上述各站分别偏大 15%、17%、29% 和 12%；与上年度比较，上述各站分别增大 71%、98%、132% 和 105%。2019 年钱塘江流域主要水文控制站实测输沙量与多年平均值比较，衢州站和兰溪站分别偏大 20% 和 29%，上虞东山站和诸暨站分别偏小 15% 和 41%；与近 10 年平均值比较，衢州站和上虞东山站分别偏大 49% 和 19%，兰溪站和诸暨站分别偏小 16% 和 5%；与上年度比较，衢州、兰溪、上虞东山和诸暨各站分别增大 490%、310%、561% 和 296%。

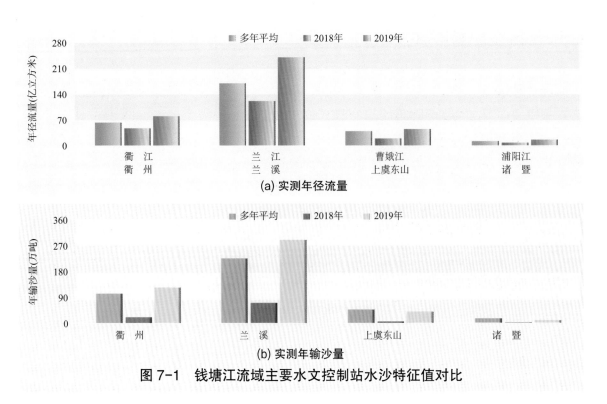

(a) 实测年径流量

(b) 实测年输沙量

图 7-1　钱塘江流域主要水文控制站水沙特征值对比

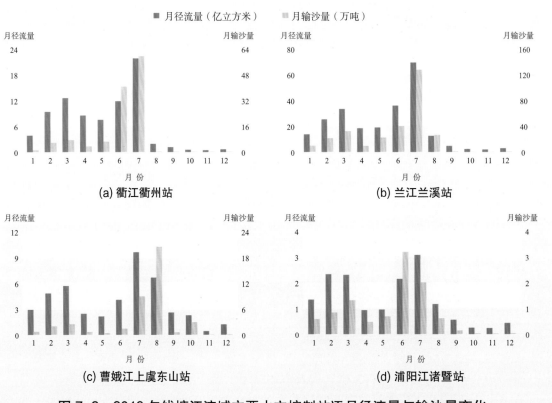

(a) 衢江衢州站

(b) 兰江兰溪站

(c) 曹娥江上虞东山站

(d) 浦阳江诸暨站

图 7-2　2019 年钱塘江流域主要水文控制站逐月径流量与输沙量变化

2. 径流量与输沙量年内变化

2019 年钱塘江流域主要水文控制站逐月径流量与输沙量的变化见图 7-2。2019 年钱塘江流域衢州站和兰溪站径流量和输沙量主要集中在 2—7 月，衢州站径流量和输沙量分别占全年的 89% 和 99%，兰溪站分别占全年的 84% 和 87%；上虞东山站和诸暨站径流量和输沙量主要集中在 1—3 月和 6—8 月，上虞东山站径流量和输沙量分别占全年的 75% 和 88%，诸暨站分别占全年的 78% 和 86%。

（二）闽江

1. 2019 年实测水沙特征值

2019 年闽江流域主要水文控制站实测水沙特征值与多年平均值、近 10 年平均值及 2018 年值的比较见表 7-2 和图 7-3。

表 7-2　闽江流域主要水文控制站实测水沙特征值对比表

河　　流		闽　江	建　溪	富屯溪	沙　溪	大樟溪
水文控制站		竹　岐	七里街	洋　口	沙县（石桥）	永泰（清水壑）
控制流域面积（万平方公里）		5.45	1.48	1.27	0.99	0.40
年径流量 （亿立方米）	多年平均	536.8 (1950—2015 年)	156.1 (1953—2015 年)	138.5 (1952—2015 年)	92.66 (1952—2015 年)	36.60 (1952—2015 年)
	近 10 年平均	602.0	176.2	163.4	102.0	33.30
	2018 年	319.6	82.25	72.50	63.64	24.45
	2019 年	716.8	219.7	197.7	122.5	30.34
年输沙量 （万吨）	多年平均	546 (1950—2015 年)	147 (1953—2015 年)	129 (1952—2015 年)	106 (1952—2015 年)	52.6 (1952—2015 年)
	近 10 年平均	278	170	319	151	34.2
	2018 年	40.5	17.1	12.6	59.7	8.46
	2019 年	526	525	445	356	11.7
年平均含沙量 （千克/立方米）	多年平均	0.102 (1950—2015 年)	0.094 (1953—2015 年)	0.092 (1952—2015 年)	0.113 (1952—2015 年)	0.144 (1952—2015 年)
	2018 年	0.013	0.021	0.017	0.094	0.035
	2019 年	0.074	0.238	0.225	0.291	0.039
输沙模数 [吨/(年·平方公里)]	多年平均	100 (1950—2015 年)	100 (1953—2015 年)	102 (1952—2015 年)	107 (1952—2015 年)	131 (1952—2015 年)
	2018 年	7.43	11.6	9.95	60.2	21.0
	2019 年	96.5	355	350	356	29.0

2019 年闽江干流水文控制站竹岐站实测径流量比多年平均值和近 10 年平均值分别偏大 34% 和 19%，比上年度值增大 124%；实测年输沙量与多年平均值基本持平，比近 10 年平均值偏大 89%，比上年度值增大 1199%。

2019 年闽江主要支流水文控制站实测径流量与多年平均值比较，大樟溪永泰（清水壑）站偏小 17%，建溪七里街、富屯溪洋口和沙溪沙县（石桥）各站分别偏大

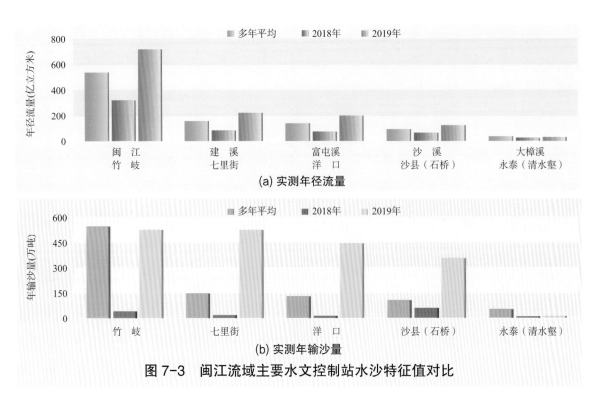

(a) 实测年径流量

(b) 实测年输沙量

图 7-3　闽江流域主要水文控制站水沙特征值对比

41%、43% 和 32%；与近 10 年平均值比较，永泰（清水堑）站偏小 9%，七里街、洋口和沙县（石桥）各站分别偏大 25%、21% 和 20%；与上年度比较，七里街、洋口、沙县（石桥）和永泰（清水堑）各站分别增大 167%、173%、92% 和 24%。2019 年闽江主要支流水文控制站实测输沙量与多年平均值比较，永泰（清水堑）站偏小 78%，七里街、洋口和沙县（石桥）各站分别偏大 256%、245% 和 235%；与近 10 年平均值比较，永泰（清水堑）站偏小 66%，七里街、洋口和沙县（石桥）各站分别偏大 209%、39% 和 135%；与上年度比较，七里街、洋口、沙县（石桥）和永泰（清水堑）各站分别增大 2970%、3432%、496% 和 38%。

2. 径流量与输沙量年内变化

2019 年闽江流域主要水文控制站逐月径流量与输沙量变化见图 7-4。2019 年竹岐、七里街、洋口、沙县（石桥）和永泰（清水堑）各站径流量和输沙量主要集中在 3—7 月，分别占全年的 76%～80% 和 97%～100%。

三、典型断面冲淤变化

（一）兰江兰溪水文站断面

钱塘江流域兰江兰溪水文站断面冲淤变化见图 7-5。与 2018 年相比，2019 年兰江兰溪水文站断面形态基本稳定，局部有明显冲淤变化，起点距约 160～205 米处有冲刷，

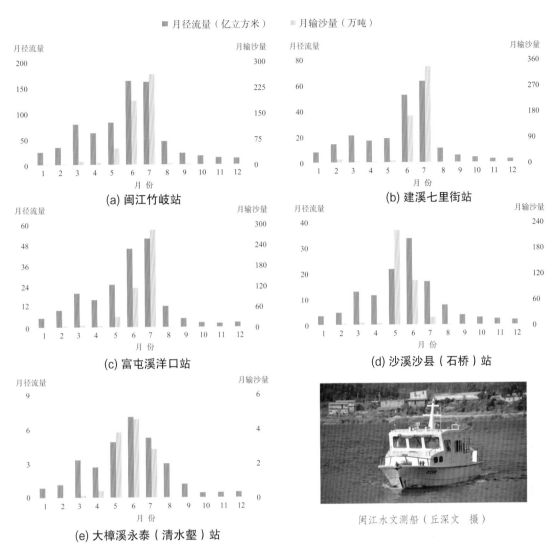

■ 月径流量（亿立方米）　　□ 月输沙量（万吨）

(a) 闽江竹岐站

(b) 建溪七里街站

(c) 富屯溪洋口站

(d) 沙溪沙县（石桥）站

(e) 大樟溪永泰（清水壑）站

闽江水文测船（丘深文　摄）

图 7-4　2019 年闽江流域主要水文控制站逐月径流量与输沙量变化

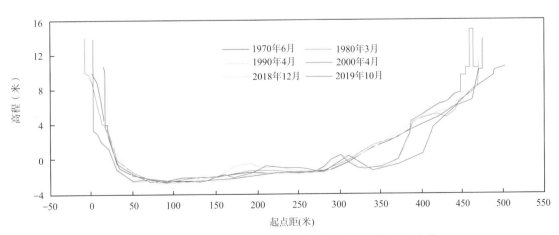

图 7-5　钱塘江流域兰江兰溪水文站断面冲淤变化

205～270 米处有淤积。

（二）闽江干流竹岐水文站断面

闽江干流竹岐水文站断面冲淤变化见图7-6。与2018年相比，2019年闽江干流竹岐水文站断面形态基本稳定，河槽左侧略有淤积，其中距左岸约400～530米处淤积较明显。

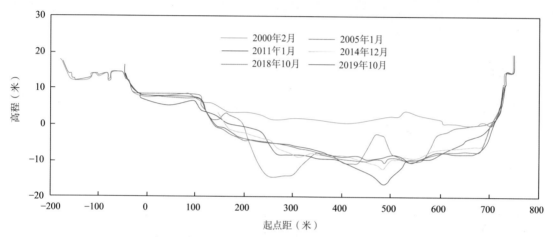

图 7-6 闽江干流竹岐水文站断面冲淤变化

塔里木河干流下游胡杨（张沛 摄）

第八章 内陆河流

一、概述

以塔里木河、黑河和青海湖区部分河流作为内陆河流的代表性河流。

（一）塔里木河

2019 年塔里木河流域主要水文控制站实测径流量与多年平均值比较，开都河焉耆站偏大 50%，塔里木河干流阿拉尔站偏小 15%，其他站基本持平；与近 10 年平均值比较，焉耆站偏大 40%，其他站偏小 13%～25%；与上年度比较，焉耆站和阿克苏河西大桥（新大河）站分别增大 34% 和 10%，叶尔羌河卡群站和阿拉尔站基本持平，玉龙喀什河同古孜洛克站减小 11%。

2019 年塔里木河流域主要水文控制站实测输沙量与多年平均值比较，各站偏小 7%～76%；与近 10 年平均值比较，焉耆站偏大 6%，其他站偏小 15%～43%；与上年度比较，焉耆站和西大桥（新大河）站分别增大 140% 和 23%，卡群站与同古孜洛克站基本持平，阿拉尔站减小 18%。

（二）黑河

2019 年黑河干流莺落峡站和正义峡站实测径流量与多年平均值比较，分别偏大 26% 和 34%；与近 10 年平均值比较，莺落峡站基本持平，正义峡站偏大 6%；与上年度比较，莺落峡站和正义峡站均基本持平。

2019 年黑河干流莺落峡站和正义峡站实测输沙量与多年平均值比较，分别偏小 82% 和 11%；与近 10 年平均值比较，莺落峡站偏小 64%，正义峡站偏大 24%；与上年度比较，莺落峡站减小 44%，正义峡站增大 40%。

（三）青海湖区

2019 年青海湖区布哈河布哈河口站和依克乌兰河刚察站实测径流量与多年平均值比较，分别偏大 111% 和 33%；与近 10 年平均值比较，刚察站基本持平，布哈河口站偏大 13%；与上年度比较，布哈河口站和刚察站分别减小 31% 和 25%。

2019 年青海湖区主要水文控制站实测输沙量与多年平均值比较，布哈河口站偏大 46%，刚察站偏小 21%；与近 10 年平均值比较，布哈河口站和刚察站分别偏小 21% 和 35%；与上年度比较，布哈河口站和刚察站分别减小 63% 和 60%。

二、径流量与输沙量

（一）塔里木河

1. 2019 年实测水沙特征值

2019 年塔里木河流域主要水文控制站实测水沙特征值与多年平均值、近 10 年平均值及 2018 年值的比较见表 8-1 及图 8-1。

表 8-1　塔里木河流域主要水文控制站实测水沙特征值对比表

河　　流		开都河	阿克苏河	叶尔羌河	玉龙喀什河	塔里木河干流
水文控制站		焉　者	西大桥（新大河）	卡　群	同古孜洛克	阿拉尔
控制流域面积（万平方公里）		2.25	4.31	5.02	1.46	
年径流量（亿立方米）	多年平均	25.76 （1956—2015 年）	37.68 （1958—2015 年）	67.29 （1956—2015 年）	22.66 （1964—2015 年）	46.15 （1958—2015 年）
	近 10 年平均	27.74	44.52	75.98	27.80	52.60
	2018 年	28.82	32.64	67.14	25.01	39.67
	2019 年	38.74	35.87	66.00	22.36	39.44
年输沙量（万吨）	多年平均	68.8 （1956—2015 年）	1730 （1958—2015 年）	3120 （1956—2015 年）	1230 （1964—2015 年）	2090 （1958—2015 年）
	近 10 年平均	15.4	1370	3720	1850	1490
	2018 年	6.80	951	2450	1110	1040
	2019 年	16.3	1170	2450	1140	851
年平均含沙量（千克／立方米）	多年平均	0.267 （1956—2015 年）	4.59 （1958—2015 年）	4.64 （1956—2015 年）	5.43 （1964—2015 年）	4.53 （1958—2015 年）
	2018 年	0.024	2.90	3.65	4.45	2.61
	2019 年	0.042	3.26	3.71	5.09	2.16
输沙模数 [吨/(年·平方公里)]	多年平均			622 （1956—2015 年）	842 （1964—2015 年）	
	2018 年			488	762	
	2019 年			488	782	

注　泥沙实测资料为不连续水文系列。

2019 年塔里木河干流阿拉尔站实测径流量和输沙量与多年平均值比较，分别偏小 15% 和 59%；与近 10 年平均值比较，分别偏小 25% 和 43%；与上年度比较，年径流量基本持平，年输沙量减小 18%。

2019 年塔里木河流域四条源流主要水文控制站实测径流量与多年平均值比较，开都河焉耆站偏大 50%，玉龙喀什河同古孜洛克、阿克苏河西大桥（新大河）和叶尔羌河卡群各站基本持平；与近 10 年平均值比较，焉耆站偏大 40%，西大桥（新大河）、卡群和同古孜洛克各站分别偏小 19%、13% 和 20%；与上年度比较，焉耆站和西大桥（新大河）站分别增大 34% 和 10%，卡群站基本持平，同古孜洛克站减小 11%。

2019 年塔里木河流域四条源流主要水文控制站实测输沙量与多年平均值比较，焉耆、西大桥（新大河）、同古孜洛克和卡群各站分别偏小 76%、32%、7% 和 21%；与近 10 年平均值比较，焉耆站偏大 6%，西大桥（新大河）、卡群和同古孜洛克各站分别偏小 15%、34% 和 38%；与上年度比较，焉耆站和西大桥（新大河）站分别增大 140% 和 23%，卡群站和同古孜洛克站基本持平。

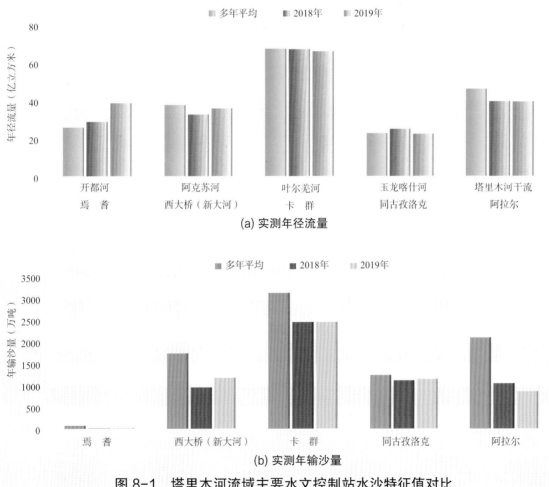

(a) 实测年径流量

(b) 实测年输沙量

图 8-1　塔里木河流域主要水文控制站水沙特征值对比

2. 径流量与输沙量年内变化

2019 年塔里木河流域主要水文控制站逐月径流量与输沙量变化见图 8-2。2019

年塔里木河流域焉耆站径流量和输沙量主要集中在 5—9 月，分别占全年的 70% 和 92%，最大径流量和输沙量出现在 6 月；其他站径流量和输沙量主要集中在 6—10 月，分别占全年的 77%～92% 和 97%～100%，最大径流量和输沙量皆出现在 8 月。

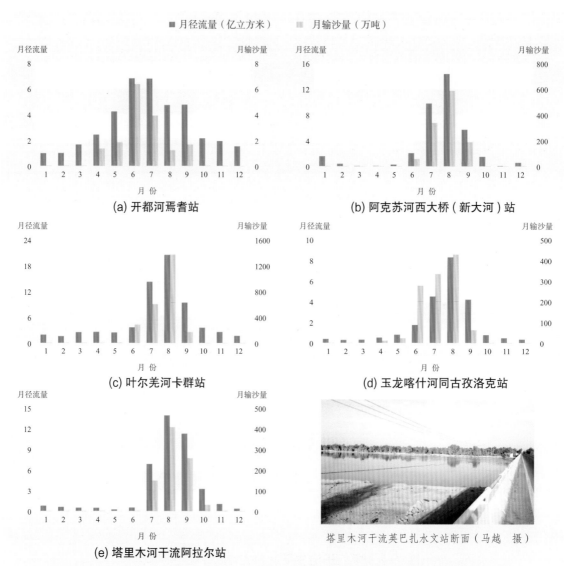

图 8-2 2019 年塔里木河流域主要水文控制站逐月径流量与输沙量变化

（二）黑河

1. 2019 年实测水沙特征值

2019 年黑河干流莺落峡站和正义峡站实测水沙特征值与多年平均值、近 10 年平均值及 2018 年值的比较见表 8-2 及图 8-3。

表 8-2　黑河干流主要水文控制站实测水沙特征值对比表

水文控制站		莺落峡	正义峡
控制流域面积（万平方公里）		1.00	3.56
年径流量（亿立方米）	多年平均	16.32（1950—2015年）	10.19（1963—2015年）
	近10年平均	20.42	12.88
	2018年	20.10	14.01
	2019年	20.64	13.63
年输沙量（万吨）	多年平均	199（1955—2015年）	139（1963—2015年）
	近10年平均	102	100
	2018年	66.1	88.3
	2019年	36.8	124
年平均含沙量（千克/立方米）	多年平均	1.22（1955—2015年）	1.36（1963—2015年）
	2018年	0.330	0.631
	2019年	0.179	0.912
输沙模数 [吨/（年·平方公里）]	多年平均	199（1955—2015年）	39.0（1963—2015年）
	2018年	66.1	24.8
	2019年	36.8	34.8

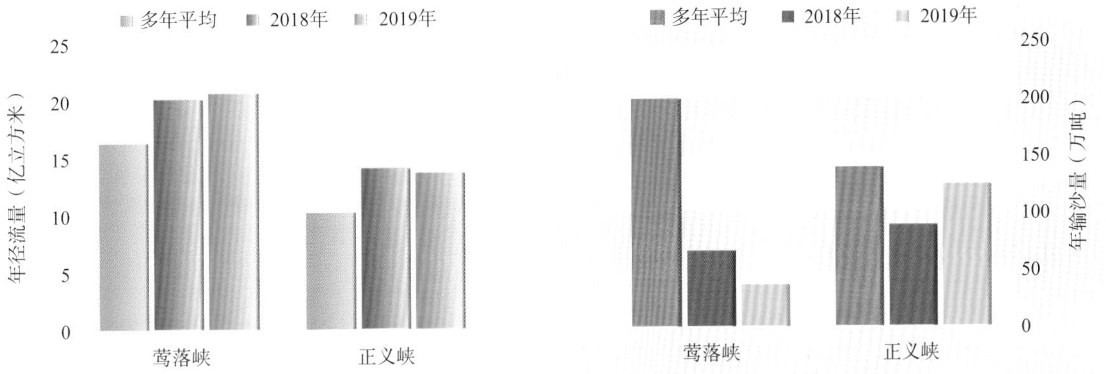

(a) 实测年径流量　　　　(b) 实测年输沙量

图 8-3　黑河干流主要水文站水沙特征值对比

2019年莺落峡站和正义峡站实测径流量与多年平均值比较，分别偏大26%和34%；与近10年平均值比较，莺落峡站基本持平，正义峡站偏大6%；与上年度比较，莺落峡站和正义峡站均基本持平。

2019年实测年输沙量与多年平均值比较，莺落峡站和正义峡站分别偏小82%和11%；与近10年平均值比较，莺落峡站偏小64%，正义峡站偏大24%；与上年度比较，莺落峡站减小44%，正义峡站增大40%。

2. 径流量与输沙量年内变化

2019 年黑河干流莺落峡站和正义峡站逐月径流量与输沙量的变化见图 8-4。2019 年黑河干流莺落峡站和正义峡站径流量及输沙量主要集中在 5—10 月，莺落峡站径流量和输沙量分别占全年的 79% 和 100%，正义峡站分别占全年的 62% 和 90%。

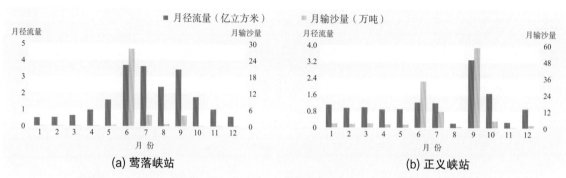

(a) 莺落峡站　　　　　　　　　　(b) 正义峡站

图 8-4　2019 年黑河干流主要水文控制站逐月径流量与输沙量变化

（三）青海湖区

1. 2019 年实测水沙特征值

2019 年青海湖区主要水文控制站实测水沙特征值与多年平均值、近 10 年平均值及 2018 年值的比较见表 8-3 及图 8-5。

表 8-3　青海湖区主要水文控制站实测水沙特征值对比表

河　流		布哈河	依克乌兰河
水文控制站		布哈河口	刚　察
控制流域面积（万平方公里）		1.43	0.14
年径流量 （亿立方米）	多年平均	8.402 (1957—2015 年)	2.747 (1976—2015 年)
	近 10 年平均	15.72	3.738
	2018 年	25.81	4.834
	2019 年	17.70	3.645
年输沙量 （万吨）	多年平均	36.9 (1966—2015 年)	7.92 (1976—2015 年)
	近 10 年平均	68.4	9.62
	2018 年	144	15.9
	2019 年	53.9	6.29
年平均含沙量 （千克／立方米）	多年平均	0.439 (1966—2015 年)	0.288 (1976—2015 年)
	2018 年	0.558	0.329
	2019 年	0.305	0.173
输沙模数 [吨／(年·平方公里)]	多年平均	25.8 (1966—2015 年)	54.9 (1976—2015 年)
	2018 年	100	110
	2019 年	37.6	43.6

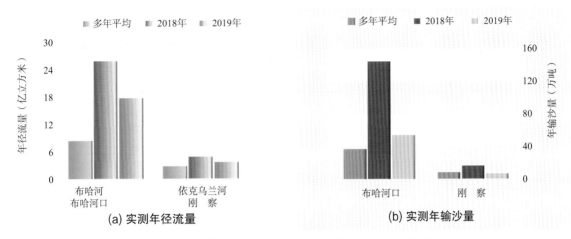

图 8-5　青海湖区主要水文控制站水沙特征值对比

与多年平均值比较，2019 年布哈河布哈河口站实测径流量和输沙量分别偏大111% 和 46%；依克乌兰河刚察站分别偏大 33% 和偏小 21%。与近 10 年平均值比较，2019 年布哈河口站实测径流量偏大 13%，年输沙量偏小 21%；刚察站年径流量基本持平，年输沙量偏小 35%。与上年度比较，2019 年布哈河口站实测径流量和输沙量分别减小 31% 和 63%；刚察站分别减小 25% 和 60%。

2. 径流量与输沙量年内变化

2019 年青海湖区主要水文控制站逐月径流量与输沙量变化见图 8-6。2019 年青海湖区主要水文控制站径流量和输沙量主要集中在 6—9 月，布哈河口站径流量和输沙量分别占全年的 73% 和 95%；刚察站分别占全年的 71% 和 94%。

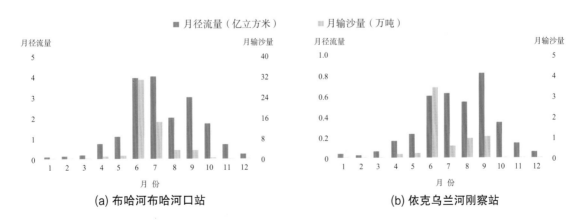

图 8-6　2019 年青海湖区主要水文控制站逐月径流量与输沙量变化